庫
ノンフィクション

帝国陸海軍の基礎知識

日本の軍隊徹底研究

熊谷 直

潮書房光人社

帝国陸海軍の基礎知識——目次

帝国陸海軍の基礎知識

日本の軍隊徹底研究

序章　沖縄戦と軍事制度

にっぽん陸海軍軍制物語序曲

敗勢の中の日本軍

昭和十九（一九四四）年の二月十七日から十八日にかけて、中部太平洋の日本海軍の重要な根拠地であるトラック島は、米海軍機動部隊の奇襲攻撃にさらされた。

哨戒飛行や対空警戒をおろそかにしていた日本軍は、前線のラバウルに空輸途中であった飛行機をふくめて、所在の百八十機のうち、百六十三機を失った。そのほかに、艦船二十三万トン以上も失ったのであり、トラック島は、根拠地としての機能をなくしてしまった。南太平洋の戦闘で低下した航空戦力の再建に努力していた日本海軍は、この損害のために、再建の希望を失ってしまった。

攻撃兵力のみを重視し、哨戒機やレーダーのような情報手段を軽視するのが、日本陸海軍の悪い癖であったが、それが敗因になった戦闘は多い。しかし、本書でとりあげるのは、そのような情報問題ではなく、軍事制度一般であるので、これはひとまずおいておこう。

昭和十八年初頭にガダルカナルから撤退して以後の日本軍は、太平洋各地で、押されっぱなしであった。マキン島やタラワ島では、海軍の守備隊が玉砕し、米軍に航空基地をあたえていた。米海軍は、中部太平洋を東から西へ向かって進攻し、一歩一歩、日本を追いつめようとしていたのである。トラック島の奇襲も、その一環であった。

敗勢の中で日本軍は、それまで無防備に近かった琉球列島の防備に、手をつけはじめた。約一年間の防衛準備ののちにはじまった沖縄戦は、奇襲を受けたわけではなかった。にもかかわらず、戦闘中には、いろいろな問題が生じた。これには、制度的な欠陥がからんでいることが多かった。

戦争末期の国土戦という状況下での戦闘であった沖縄戦には、欠陥が外に現われやすかった。ここでは軍事制度そのものに入る前に、その欠陥の代表例を、沖縄戦の中に探ってみよう。

沖縄戦に見る制度的欠陥

陸軍大学校戦術教官であった八原博道大佐が、大本営陸軍参謀として、参謀本部に出頭を命じられたのは、昭和十九年三月八日である。八原は、いよいよ参謀本部で腕をふるう機会がきたと、喜んだが、あたえられた任務は、沖縄防衛のための、第三十二軍の編成準備をすることであった。

陸軍大学校を御賜の優等で卒業した八原は、当時の人事から考えると、当然、陸軍作戦の中枢である参謀本部で、勤務してしかるべきであった。しかし、対人関係にまるみを欠く人柄であったためか、戦争開始後は、実務に関係のない陸軍大学校での勤務が長くなっていた。

大本営はまもなく、沖縄と台湾の防衛を強化するための、現地視察班を派遣した。八原大佐も同行したが、そのまま第三十二軍の高級参謀要員として那覇に残り、現地での部隊編成、受け入れの準備を行なうことになった。

第三十二軍は、昭和十九年四月一日付で新設された戦時の組織である。沖縄防衛作戦のために、大本営の直接指揮を受けることになっていたが、やがて台湾の第十方面軍司令官の指揮を受けることに変更された。

第三十二軍の司令部を新編する責任は、それまで沖縄の防衛と軍事行政を担当していた、福岡の西部軍司令官にあった。しかし、実際の業務は、沖縄にいる八原大佐が行なった。

外地で作戦を行なうこのような軍を新編する場合は、それまであった常設の師団や、臨時に新編した師団、その他の部隊を集めて編成するのが普通である。外征の軍は、内地の軍とちがって、徴兵や動員など、国民に関係する軍事行政の責任は、もっていない。昭和十五年に初めて編成された内地の、北部、東部、中部、西部各軍は、戦闘（防衛）の任務とともに、管轄地域の軍事行政の責任ももっていた。なお、この軍が編成されるまでの、平時のこのような責任は、各地に駐屯している師団がもっていた。

第三十二軍は、外征軍ではないが、沖縄の防衛戦を行なうために編成された特別の軍であるので、軍事行政の責任は、もたないことになった。沖縄の軍事行政の責任は、あいかわらず福岡の西部軍司令官にあり、実務はその下の沖縄聯隊区司令官（大佐）が、県庁、市町村役場などの行政機関と連絡をとりながら、行なっていたのである。

また第三十二軍司令官は、緊急の場合の徴発の権限はもっていたのであり、戦闘に必要な物資を徴発したり、軍の輸送のための労務者を集めたりすることは可能であった。しかし、戦闘員を召集する権限は、もっていなかった。だが物資の徴発の場合も、まったくの無料というわけではなく、主計将校が書類手続きをすることになっていたが、混乱した状況ではそれも行なわれず、組織末端の下士官あたりが適当に徴発する場合があった。複雑な組織や手続きは、いざという場合には役にたたない。

沖縄戦でよく問題にされるのは、住民が防衛隊員という形で召集されたり、中学生が、鉄血勤皇隊員と呼ばれた少年兵として戦い、女学生が、ひめゆり部隊などの看護隊勤務をしたりしたことである。

このような動員は、聯隊区司令官が、軍事行政として行なうことは、法的には可能であった。ただ防衛隊員の場合は、聯隊区司令官の召集令状で集められるもののほかに、形式的には民間団体である在郷軍人会が、志願者を集めて半強制的に組織し軍の指揮下に入れたり、旅団長の命令で集められたりしたものがあったことが問題になっている。

第三十二軍司令部の編成

沖縄の各島の防衛責任は、陸軍だけがもっていたわけではない。陸海軍の中央協定によって、一部は海軍の佐世保鎮守府司令官がもっていたのであって、それをうけて、海軍の沖縄根拠地隊司令官は、第三十二軍司令官と具体的な現地協定を結んだ。事実、沖縄戦の最中、沖縄本島の海軍は陸戦について、第三十二軍司令官の指揮をうけている。

しかし、陸海軍が一体化したわけではないので、命令の不徹底や、連絡調整不十分のために、戦線に穴をあける場合もあった。その一つが、第三十二軍司令官命令の誤解にもとづく、沖縄根拠地隊司令官大田少将の撤退事件である。

沖縄防衛軍が米軍に圧迫されていた昭和二十（一九四五）年の五月末、第三十二軍司令部は、首里から摩文仁に撤退しようとしていた。このとき海軍部隊にも、改めて命令する時期に撤退するよう、準備のための指令をしておいたのである。

しかし、これを勘ちがいした大田少将は、ただちに海軍砲などの重火器を破壊して撤退し、まちがいに気づいて、ふたたび旧陣地に帰った。だが、重火器を持たない部隊の戦闘能力には限界があり、陸軍部隊より十日も早く玉砕している。陸軍と海軍では、同じ陸戦をしても戦闘法がちがい、命令形式もちがう。簡単に合併するわけにはいかない。

沖縄戦にさきだつ台湾沖航空戦では、陸軍の重爆隊である飛行第九十八戦隊が、海軍の第二航空艦隊に入って、米艦船を雷撃した。雷撃法については、海軍の鹿屋航空隊で訓練をうけたのであるが、戦果の確認に不慣れのため、過大にすぎる戦果を報告したといわれている。せっぱつまってからの陸海軍の合体は、試みられはしたが、成功したとはいえない。

さてそこで、第三十二軍司令部の編成であるが、航空、後方、船舶などを担当する少佐、中佐の参謀のほかに、作戦を担当する八原高級参謀がいた。

八原は大佐であり、階級が高い最上位の参謀なので、高級参謀ということになる。そのほかに、総務室長にあたる副官や、兵器、経理、軍医、獣医、法務などの各部門を担当する幕僚がおり、これらの人々とその他の司令部の下僚を総轄する役目の参謀長が、軍司令官を補佐している。

海軍の方は、沖縄根拠地隊司令官が、在沖縄海軍部隊を統一指揮したが、その下の部隊は、航空隊もあれば魚雷艇隊もあるという、臨時の陸戦部隊であった。寄せ集めの部隊であるので、戦力は小さい。海軍は、大戦中は特別陸戦隊というマリン類似の陸戦部隊を、臨時に編成しており、大田司令官は、その道の専門家であった。普通の場合は、軍艦乗組員などを臨時に陸戦隊として編成することになっているので、海軍もまったく陸戦の訓練をしていないわけではないが、陸軍に比べると陸戦に不慣れであることは当然である。それでも沖縄戦では、期待以上に奮戦している。

陸軍の各部隊は、それぞれ歴戦の部隊ではあったが、指揮官が沖縄戦直前に交替したために、戦闘指揮に差し支える場合があった。第六十二師団長の藤岡中将が着任したのは、戦闘開始の二週間前である。

牛島軍司令官と長参謀長の着任は、前任者が就任して、四ヵ月ばかりたち、作戦開始まで半年以上の余裕がある時期の交替であり、積極的な作戦コンビへの変更という意味で悪くはなかったが、戦闘開始直前に、定期異動と考えられる師団長などの交替を行なうことは、無用のことであった。

このような、融通性のない人事のやり方は、陸海軍に共通するもので、やはり組織全体に、悪い影響をあたえることが多かった。第三十二軍の司令部でも、最後まで異動せずに残った参謀は、八原大佐と後方参謀の三宅少佐だけであり、問題があった。

沖縄住民の悲劇

つぎに、前にちょっとふれた沖縄の学徒従軍のことであるが、本土でも中学生以上のほとんどが、志願の形で軍需工業に動員されたのと同じようなケースであり、父母同意のうえでの志願であれば、法的には問題はなかった。鉄血勤皇隊の中学生たちは少年であり、十九歳の徴兵適齢や十七歳の志願兵適齢前であったが、特別志願兵令が、十七歳未満の少年兵を認めていたので、志願入隊して、二等兵の階級章をつけたのである。

かれらは、本土の少年通信兵などと同じように、通信兵として作戦準備期間中に採用され、通信の教育を受けている。兵の進級は聯隊長の権限であるので、このような少年兵も、軍功により一等兵以上に進級したものがある。県立一中の生徒のうち、最初に首里で戦死した池原、佐久川の二人は、二階級特進の扱いを受けた。

陸軍が、平時の編制から戦時の特別の編制に移って出征するとき、もっとも人員が増えるのが、補給、輸送を担当する部隊と医事、衛生関係の部隊、病院である。

陸軍病院は平時からの組織であるが、沖縄では、第三十二軍の創設とともに陸軍病院が発足し、別に各師団に応急処置をする小規模の野戦病院もおかれた。陸軍病院は、五、六千人を収容する規模で計画されており、そのための要員を、現地に求めることになったので、女学生を補助看護婦として採用することになった。

従軍義務がある日赤看護婦なども、いないわけではなかったが、それだけでは、とうてい足らなかったからである。六百人近く採用された女学生看護婦は、その半数近くが戦火に倒れ、記念碑が人々の涙をさそっている。

湿気の多い洞窟内の病院では「繃帯をかえて下さい」「身体をかいて下さい」などの負傷兵の要求に、彼女たちがこたえることができているうちはよかったが、やがて手当もせずに、何日もほっておかれる負傷兵のうめきが充満するようになった。手術に立ち会って、切断される患者の足を抱いたまま気を失ったことは、はるかな昔であったように感じられるようになる。

南風原陸軍病院では、多数のものがすし詰めにされたため、空気が濁って困った。ろうそくの火が細くなると、「換気始め」の号令がかかる。彼女たちは、上衣や毛布などを振って風を起こし、空気を入れ換える換気扇の役割まで、担当したのである。

このような乙女たちも、最後は沖縄南部の摩文仁に近いあたりに追い詰められ、逃げ場を失って、多くの犠牲者をだした。

沖縄戦は、住民の哀話で語られることが多い。国土が戦場になったのであるから、住民の悲劇は、避けられなかった。もっとも、行政機関がまだ機能を維持していた戦闘初期の段階で、非武装地帯を設定し、住民を収容していたならば、悲劇はもうすこし少なくなったかもしれない。

軍と民との関係は、戦争を遂行するという立場からは、あるていど考えられていたが、戦闘時の非戦闘員の犠牲を少なくするという方向の体制は、ないに等しかった。この点は大きな問題である。目的遂行のために、すべてを犠牲にしてよいというものではあるまい。

また逆に、沖縄戦に現われている他の問題点が、悲劇にばかり目を奪われて、教訓としてとりあげられないとすると、死んだものは浮かばれない。編成組織上の問題、組織運用上の、日本人の国民性に根がある問題など、今日の国民生活上も教訓にすることができる問題が、多く浮きぼりにされている。以下の各項では、このような問題点についても考えながら、旧陸海軍の制度全体について、見ていくことにしたい。

第一章　日本の洋式軍事制度

青い目の操典ではじまった建軍時代

フランス式の陸軍

「はるばるきたぜ函館……」と歌われている函館は、今では立派な都会になっている。だが、箱館と書かれていた時代、榎本武揚が、明治元（一八六八）年末から翌年五月まで、新政府に反抗して五稜郭にたてこもっていたころは、小さな港町があるだけだった。

榎本は、前将軍徳川慶喜の江戸城開城に不満で、自分の配下にあった旧幕府の軍艦を、官軍に渡さずにひきつれて江戸湾を脱走し、北海道に渡った。ひきいた艦船は八隻である。幕末の幕府海軍は、艦船の保有数でもその能力のうえでも、諸藩をうわまわっていた。榎本は、その艦隊の主力をひきいて脱走したのであるから、官軍としても、うかつに手だしすることはできなかった。

新政府は、アメリカに交渉して強力な軍艦を買い入れ、ようやく明治二年の三月、八隻の艦船をそろえて、榎本艦隊攻撃のために品川を出港させることができた。

榎本は、幕府から派遣されて、海軍術の修業のためにオランダに留学してきた。四年九ヵ月の海外生活から帰国して、半年たらずのうちに幕府が崩壊し、鳥羽伏見の戦いがはじまったのだから、せっかくの留学で得た能力を、発揮する機会は少なかった。

それでも鳥羽伏見の戦いのときは、大阪湾に艦船を浮かべて、敗走する徳川軍や大阪城の軍用金などを収容し、江戸に帰っている。当時三十一歳だから、まだまだ血の気は多かっただろうし、それが脱走行動になったのであろう。

箱館にたてこもった榎本のもとには、新撰組や彰義隊の残党などが集まってきたが、その中に、紅毛碧眼の西洋人が何人かまじっているのに、地元の人々は驚かされた。かれらと話している日本人らしい男は、袖に太い金筋を入れた洋服をまとい、断髪していて、髪と目の色が黒いところが、ちがうだけである。

「ブリューネ大尉、新しく集めた兵士たちの、訓練のぐあいはどうですか」

「そうですね。そろそろ訓練も終わりの段階に入りました。あと一ヵ月もすれば、薩長の軍隊が攻撃をかけてきても、なんとかなるでしょう」

「ところで榎本さん、新しくフランスの海軍候補生二人が、ミネルバ号を脱走して、こちらに参加したいといってきているのですが」

「二人はどこにいるのです」

「いま、七重村というところに、隠れているようです」

「よろしい。わたしたちに手を貸してくれるようにいって下さい」

こうして、海軍候補生二人が陸軍の八人に加わって、フランス人十人が、榎本軍のために戦うことになった。

ブリューネ大尉たちフランス陸軍兵は、二年前の慶応二年十二月八日（一八六七・一・十三）に、横浜に到着した。幕府の依頼を受けて洋式陸軍の訓練をするための、顧問団としての来日であった。一行十五人の団長は、シャノワーヌ参謀大尉であり、ブリューネは、砲兵教育の責任者であった。

歩兵、騎兵、砲兵の三兵伝習と呼ばれる訓練を受けた幕府の生徒は、最初は二百三十人であった。その後、増加して、延べ約二千人が訓練を受けている。ただし一年たらずの訓練ののちに、幕府が瓦解したため、ブリューネたちは失業した。かれらは、自分たちの教育の成果を、目で確かめたくてしようがない。榎本軍に参加した動機の一つは、そこにあった。

榎本軍には、大鳥圭介にひきいられて開城後の江戸を脱走した、三兵伝習を受けた人々の残党千三百人、二個大隊も参加していた。ブリューネたちの期待は、これらの人々に集まっていた。

旧幕府軍に味方して自分たちの訓練の効果を確認したいのは、顧問団長のシャノワーヌも同じであったが、公使のロッシュが中立論をとっていたので、さすがに団長という立場もあり、自制したのである。ブリューネは、このようなシャノワーヌの立場を考えて、かれに迷惑をかけないように、辞表を残していた。

明治二（一八六九）年四月九日、箱館の西方五十キロメートルの、江差に近い海岸に上陸した官軍は、先頭部隊だけで千四百名を越え、総兵員では七千名にもなった。榎本軍は三千名であり、兵数ではかなわない。艦隊でも榎本軍は、新鋭艦「開陽」を座礁させて失い、不利になっていた。

箱館の五稜郭に本営を置く榎本軍の中で、ブリューネは約五百の兵を指導し、箱館、松前、江差の分遣部隊にも、やはり、フランス人顧問が配置されていた。分遣部隊の戦闘は、最初のうちは有利に進められたが、しだいに押され気味になった。とくに四月下旬から五月上旬の箱館港内の海戦で榎本軍の艦隊が壊滅してから、五稜郭も艦砲射撃を受けるようになって状況は切迫した。

榎本は五月十八日に降伏したが、ブリューネたちは、その前の四月三十日に、付近にいたフランス軍艦コエトロゴン号に収容された。海軍候補生のコラッシュだけは、宮古湾奇襲のときに捕虜になっていたので、収容されたのは、かれを除く全フランス人である。もっとも、負傷をしている者は多かった。

かれらは、新政府との関係を考えて監禁状態におかれたのち、まもなく本国に送還された。ブリューネは、一度は予備役になったが、やがてもとの地位に復帰し、少将にまで進んだ。

ブリューネはフランスに帰ったのちも、日本からフランスに軍事留学した将校たちのめんどうをよくみてくれた。明治十五（一八八二）年に太田徳三郎大尉が、陸軍の大砲の種類をきめるために欧州に派遣されたときは、イタリア製の青銅砲を採用するように、助言をした。鋼鉄製の砲を大量生産するだけの工業力をもっていない日本には、青銅製のほうがよかろうという判断からである。

太田は帰国後、そのように報告し、初期の日本の陸軍砲は青銅製になった。イタリアから技術者のグリロ少佐を招いて、大阪砲兵工廠で製造した青銅砲は、日清戦争のときに活躍している。清国軍の砲が不統一であったのに対して、日本陸軍の砲は統一されていたので、弾丸の補給が容易であり、勝因の一つになったのである。

明治新政府から、榎本軍に参加した罪を追及されていたブリューネは、この功で、日本から叙勲されている。もっとも榎本本人でさえ、一度は獄中生活をして、斬られる寸前までいきながら、赦されたのちは、留学で身につけた能力を新政府に買われて、海軍卿や大臣の地位を歴任しており、ブリューネの叙勲は、当然のことであった。

顧問団の一人に、榎本軍には参加しなかったジュ・ブスケ歩兵中尉がいたが、かれは日本婦人田中はよと結婚したためか、顧問団が帰国したときに残留し、公使館の通訳を勤めたあと、明治三（一八七〇）年十二月からは新政府の兵部省顧問になっている。かれは陸軍の制度面に詳しく、その面で貢献したが、のちに憲法や民法などの制定についても貢献した。

新政府は明治三年十月二日に布告を出して、陸軍の制度はフランス式、海軍の制度はイギリス式に統一することにしており、ジュ・ブスケの兵部省顧問就任は、そのためのものであったろう。

かれとの相談の結果であろうが、明治五（一八七二）年四月十一日に、フランスから第二次の陸軍の顧問団が横浜に着いた。マルクリー参謀中佐以下十六人がメンバーである。ジョルダン大尉など、幕府時代の第一次顧問団の団員であったものも、含まれている。また第一次顧問団の下士官団員であった、フォルタンやビュッフィエなど、榎本軍にも参加した経験をもち、私費で再来日して兵部省に雇われていたものも、顧問団に加えることにした。

一度はフランスに帰りながら、再度、日本にやってきたこれらの人々にとって、日本は、よほど住みやすいところであったのか。とくにジュ・ブスケなどは、明治二年に横浜で暴漢に襲われて重傷を負い、かえってこれを機会に日本婦人のよさを知って、日本に残ったのであるから、世の中はわからない。

この第二次顧問団がやってきてから、日本陸軍のフランス化は、急速に進んだ。幕府時代の各藩の制度は、薩摩、肥前、尾張など、大藩にイギリス式が多く、長州、彦根などのフランス式と、水戸、福岡などのオランダ式が、残りの各藩であった。

しかし、幕府陸軍がフランス式であったことが、フランス式を採用するきめ手になった。第一次のフランス顧問団から教えられたものが多くいたということと、幕府の横浜仏語学所でフランス語を学んだものが多くいたため、フランス式の日本人教官を採用することが容易であり、通訳も多かったからである。もっとも、通訳が多いというのは、ほかの外国語に比べてのことであり、第二次顧問団の通訳二十七、八人を集めるのに、苦労している。

これら通訳は旧幕臣であるが、能力があるものは、過去を問わずに登用しなければ日本の近代化は進まないのが、当時の実状であった。榎本と一緒にオランダに留学した旧幕臣の赤松大三郎（則良、のち海軍中将）や西周助（周、思想家）も、新政府に出仕している。

幕府の仏語学所の教師であったビュランは、新政府の横浜語学所と看板をかえた語学所に、そのまま残っていたが、通訳を養成したということでは、かれの功績は大きい。かれはこの語学所が大阪に移って、大阪兵学寮幼年学舎になってからも、教鞭をとっていたが、明治三年九月末にフランスに帰国するときは、幼年学舎の生徒十人を留学生として連れていき、世話をした。この生徒たちは、フランス派の将校として、その後のフランスとの関係を維持するのに努めている。

なお第二次顧問団との応対にあたる、陸軍兵学寮の教頭とでもいうべき地位にあった谷干城大佐や、その後任の曽我祐準大佐などは、その後、ドイツ式の制度をとり入れようとした山県有朋と、対立している。谷は、西南戦争のときの熊本城の鎮台司令官をつとめた勇将である。

山県がドイツ式を熱心にすすめるようになったのは、明治十一（一八七八）年にドイツ式参謀本部を組織して、その本部長になったころからである。かれは、明治二年から三年にかけて、西郷従道とともに欧米を巡遊しており、普仏戦争直前の状況をみて、プロシア（ドイツ）陸軍の精鋭さを印象づけられて帰国した。その後、プロシアで陸軍の制度を学んだ桂太郎が帰国したときから、桂に相談しながら、陸軍のドイツ式への転向をはかった。

山県の下で、参謀本部次長をつとめていた大山巌も、やはり普仏戦争を観戦に行って、フランスの弱点を見てきており、山県、大山、桂という線で、ドイツ式陸軍へのころも替えは、少しずつ進行した。このため、フランス式を学んできた陸軍兵学寮（のち陸軍士官学校）関係の古い将軍との間に、摩擦が生じたのである。

皮肉なことに、ドイツ式の推進力になった桂は、最初は新政府の横浜語学所で、フランス語を学んでいた。しかし、語学所が幼年学舎になってしばらくしてから、退舎して、私費で第一回目のプロシア留学を行なった。普仏戦争の観戦に行く大山巌に同行し、パリで勉学するつもりであったのが、パリ陥落でだめになり、戦勝国での勉学に、方向を変えたのである。

普仏戦争でプロシアが勝っていなければ、日本陸軍がフランス式からドイツ式に変わることはなかったであろう。また桂という男が、この時期にパリに行かなければ、ドイツ式が日本に入ってくるのは、むずかしかったであろう。

桂はその後、明治六（一八七三）年に帰国して歩兵大尉に任官し、明治八年にふたたびドイツに官費留学して、帰国後は、勉学の成果を、日本陸軍の制度に反映させることにつとめるのである。

オランダ式ではじまる海軍

一軒の農家の陰で、二人の武士が、ボートの西洋人を狙って火縄銃の火縄に火をつけた。ジリジリという音に気がついたのか、西洋人が「アッ」と叫ぶ。とたんに一人がボートからとびおり、武士のそばに駆けよって、火縄をはじき落とした。

「何をする」という怒声によく顔をみると、日本人である。洋服の日本人を見たことがなかった二人は、ボートの中にいるのは、全員が西洋人であると思いこんでいたのであるが、じつはかれらは、長崎海軍伝習所の勝鱗太郎たち実習生と、オランダ人教師のハントローエンおよびハルジスであった。

安政四（一八五七）年の秋、勝たちの伝習所での生活は二年になっており、艦長役の勝以下の航海術は、そろそろ板についてきていた。それまでの航海実習は、オランダからの献納艦スンビン号で行なわれていたのであるが、オランダに頼んで建造していた咸臨丸が、長崎に着いたのを機会に、この軍艦での実習を計画し、五島列島から対馬に到着したところであった。

咸臨丸には、伝習所長の木村摂津守も乗っており、万延元（一八六〇）年の太平洋横断航海には、木村、勝をはじめとする、このころ実習中の人々が乗り組んだのである。横断航海のときは、オランダ人教師は日本を去っており、日本人だけでの航海であったので、勝艦長以下は張りきっていた。しかし、たまたま頼まれてアメリカまでの約束で同乗させていたアメリカの海軍士官たちが、荒れる太平洋の中で、航海の手助けをした。このときから海軍は、アメリカとの関係を深めたが、やがて同じ英語国民であるイギリスとの関係を、深くしはじめた。

幕府が、フランス陸軍の顧問団を招いた次の年の慶応三（一八六七）年には、イギリスから海軍の顧問団がやってきた。しかし、九月二十七日に到着して、まもなくはじめられた海軍教育は、軌道に乗る前に、幕府の崩壊のために中止された。

幕府の海軍教育の手引きをしたのはオランダであり、そのため榎本武揚のように、オランダに留学するものもあったが、アメリカに留学するものも、多かった。勝海舟（麟太郎）の長男小鹿は、イギリスの顧問団がやってくる前に、私費で、アメリカのアナポリス海軍兵学校に留学しているが、ほかにも、公費や私費の留学生が多かった。海軍の顧問団をイギリスから招くように幕府にすすめたのは、フランスの公使だというが、イギリスへの留学もやはりさかんであった。

明治新政府は、明治四（一八七一）年二月に、東郷平八郎など十五人を選んで、海軍術修行のためのイギリス留学を命じたが、これなども、幕府時代の延長としての留学であろう。

もっとも東郷は、新政府の海軍操練所を卒業してからの留学であって、二十三歳になっていたため、イギリスの海軍兵学校に入学することはできなかった。やむをえず、ウースターという商船学校の練習船のような船に乗って、二年間の教育を受けている。かれが一番困ったのは食事であって、薩摩芋や雑穀の量に慣れた胃袋には、イギリスの献立では不十分であったらしい。そこで、パンを紅茶にひたしては、腹がふくれるまで食べていたと、回想している。

先覚者たちは、このように苦労しながら留学生活を送っていたが、やがて明治六年になると、イギリスからドーグラス少佐以下三十四人の海軍教師団が、海軍兵学校寮に着任した。明治三年に、海軍はイギリス式という布告を出してはいたが、海軍がイギリス一本やりになったのは、このときからである。当直のことをワッチ（ウォッチ）といい、舷門で吹く号笛をサイドパイプ、被服箱をチェストというような、英語海軍の歴史の始まりであった。

もっとも第十一章で述べるように、軍医の養成はドイツ式であり、初の国産軍艦「清輝」の備砲は、ドイツのクルップ社製のものにするなど、航海運用関係以外では、他の方式を導入したものもある。「清輝」を建造した横須賀造船所はフランス式であり、その後も造船部門から留学するものは、フランスに行くことが多かった。

陸軍のドイツ化と英式海軍の定着

明治三年に「陸軍はフランス式、海軍はイギリス式」と布告したのは、一日も早く近代化をはかる必要があった新政府が、現状を考えてきめたことであった。この布告の当時は、廃藩置県一年前であって、旧大名が知藩事と名前をかえはしたものの、旧領にしがみついて動かなかった。

各藩の洋式軍備には、イギリス式、フランス式、オランダ式、はては和歌山のドイツ式といろいろあって、統一する必要があり、さきに述べたような状況から、陸軍のフランス式と、海軍のイギリス式がきめられたのである。しかし、それは暫定的なものであって、当局者たちも永遠不変のものとは考えていなかった。

陸軍の制度が、山県、桂の線でドイツ化しようとしていた時代の切り札が、陸軍大学校教官として雇い入れたドイツ陸軍の参謀少佐メッケルである。

明治十七（一八八四）年二月十六日、陸軍卿の大山巌中将は、兵制、つまり軍事制度の視察のために横浜を出港し、ヨーロッパに向かった。同行者は三浦梧楼中将、川上操六大佐、桂太郎大佐などである。三浦は、フランス派の中心人物であったが、出身からいえば、桂とともに長州である。大山、川上は薩摩出身であり、薩長のバランスをとろうとしているところがおもしろい。

桂と川上はともに陸軍の逸材と目されていたが、このときまでは、とかく反目しがちであった。しかし、船中で同室に起居し、川上は作戦運用、つまり軍令方面を、桂は軍事制度などの軍政方面を担当し、将来の陸軍を背負っていこうと、誓い合ったという。三浦は、長州陸軍の大御所山県有朋も、もてあまし気味の人物であったが、この旅行以後は、少しずつドイツ化の方向に頭を切りかえており、山県がかれを一行に加えるように画策した目的は、達せられたといえる。

この旅行の主目的地は、ドイツである。ここで大山は、陸軍大学校の教官を派遣してもらうように交渉した。指名されたのが、メッケルである。かれは、ブドー酒を欠かすことがないならばという条件付で承諾したというが、かれの雇い入れは大成功であった。

明治十八（一八八五）年三月十八日に着京したメッケルは、陸軍大学校でドイツ式の戦術と参謀制度を教育するとともに、陸軍の制度改善についての顧問の役割を果たした。明治二十年のドイツ式士官養成方式の採用、明治二十二年の野戦軍型軍隊である師団制の採用などは、かれの献策の結果であろう。

フランス式は、ナポレオンが砲兵出身であることにも関係しているかと思われるが、砲兵の威力を重視するので、大砲の製造能力が小さい当時の日本には、あわない面があった。また帝政をとっているドイツの制度は、やはり帝政をとっている日本になじみやすいものであったといえる。ただこれが、昭和の時代にもあう制度であったかどうかについては、疑問がある。

このようなドイツ化に対して、フランスの駐在武官であるブーゴアンは、苦情を申したてたという。メッケルが来日したとき、フランスからも、ベルトー歩兵大尉が、陸軍士官学校の教官として来日していた。ブーゴアンとしては、なにもフランスの敵であるドイツから、新しく教官を雇う必要はないではないかという心境であったろう。

明治の初めに、陸軍が雇っていた外国人教師は、フランス人だけであった。明治九年までは、多いときで四十三人もいたのである。その後、基礎ができあがるにつれて、外国人教師の数は十人前後に減り、ドイツ人もみられるようになった。明治二十年前後には、ドイツ人が一番多くなり、五、六人にもなっている。このような員数からみても、フランスの制度でスタートした陸軍が、しだいにドイツ化していったことがわかる。

海軍は、陸軍のように途中から軍事制度を変えることをしなかったので、外国人教師も、つねにイギリス人中心であった。とくに明治六年から明治十二年の間は、五十名前後が滞在していた。かれらによって伝えられたイギリス式海軍の伝統は、いく分かは日本的に変わっていったが、最後まで、痕跡を残していたのである。大戦中に海軍兵学校長に就任した井上成美中将が、教官たちの反対にもかかわらず英語教育を重視したのも、その痕跡の一つの現われであろう。

明治の外国人教師は、日本の軍人の十倍もの俸給を受けていた。住居も西洋式に改装されたものをあたえられており、優遇されていた。将校は、天皇陛下に拝謁したり、会食したりする機会をあたえられたりもした。メッケルの年俸は銀貨五千四百円であるが、これは、日本の大将の六千円と肩を並べる。小学校の先生の年収が、二百円ぐらいの時代のことである。

メッケルの時代は、いくらか外国人慣れしたころで、教師帰国時の天皇陛下への拝謁は、行なわれなくなっているが、明治六年にイギリスからドーグラス海軍少佐以下三十四人が、海軍兵学校寮教官として到着したときの気のつかいようは、たいしたものだった。外務省の賓客を接待する延遼館で、舞踊やコマ回しの曲芸などのだしものを入れた、大パーティーを開いたりしている。このような、外国人に接する態度が、劣等感となってそのまま昭和の時代にもちこされ、いうべきことをいわずにストレスがたまり、戦争という形で解消しようとした面が、あったかもしれない。

これら外国人教師とは逆に、日本から欧米に派遣された軍事留学生も多かった。陸軍の毎年末の派遣留学生は、十数人を数えることができる。留学先はやはり、フランスやドイツがほとんどであるが、軍医と経理の部門は、ドイツだけに留学している。

明治中期までの海軍留学生は、毎年末で十人以下であり、陸軍よりは少ない。留学先はもちろんイギリスが多いが、造船部門はフランス留学が多く、アメリカに造船や航海の勉強に行ったものもある。ロシアに電気技術者が留学している珍しい例もある。

陸海軍の制度の日本化

このような努力をして外国に学んだ日本の陸海軍は、明治二十七、八（一八九四、九五）年の清国との戦いに勝利をえた。七世紀の初めに聖徳太子が遣隋使を派遣して以来、つねに日本の師であった中国に勝ったのだから、日本の慢心は、当然といえば当然であった。

余談になるが、琉球王府は、明治十二（一八七九）年に明治政府に屈服して、最後の廃藩置県が行なわれ、沖縄県が誕生した。しかし、琉球はそれまで、清国との朝貢貿易を行なっていた関係から、清国への帰属意識をもっているものが多く存在した。かれらは、そのうち清国が、琉球をとり返してくれるであろうと、期待していた。清国と連絡をとっているものも多かったのである。

だが、清国は日清戦争に敗れて、かれらの期待に反した。清国派はついに諦めて、一部のものは、清国に脱走したまま帰ってこなかった。沖縄が本土の各県なみにあつかわれるようになったのは、このときからである。だが沖縄に徴兵令が施行されたのは、明治三十一年になってからであった。

東洋の大国に勝った日本が、つぎに相手にしなければならないのは、ロシアであった。西洋化に清国よりも一歩を先んじたための、日清戦争の勝利であったが、つぎは、西洋そのものが相手である。このころになると日本は、西洋のものをほとんど吸収しつくしていた。あとはこれを消化して、日本的なものを加え、より優れたものにすればよい。

軍事制度の改善も、歩調をととのえる時期になっていた。軍内の欧米の教師は、語学教師だけになっており、近隣諸国の留学生を、陸軍士官学校が受け入れる時代になっていた。とくに清国からの留学がめだち、明治四十三（一九一〇）年末には、蔣介石も、陸軍士官学校入学前の教育を受けるために、高田の野砲第十九聯隊に入営している。

東條英機大将や山本五十六元帥など、大戦中の陸海軍首脳が、陸軍士官学校や海軍兵学校を卒業したのもこの時期であり、かれらは、制度がととのった時期に、士官養成教育を受けたのである。

その意味で、かれらの行動に問題があったとするならば、その責任は、ドイツやイギリスの制度そのものが負うべきではなく、それに日本的な要素が加わって、日本に定着したのちの制度が負うべきものであろう。前大戦敗戦の教訓は、ドイツ人やイギリス人のものではなく、日本人のものなのである。

東條大将の陸軍士官学校第十七期生としての卒業は、明治三十八（一九〇五）年三月三十日であり、日露戦争の最後の大戦闘である奉天会戦が終わった直後であった。残念ながら、弾丸の下をくぐる機会には恵まれていない。

一方、山本元帥は、海軍兵学校第三十二期生として明治三十七年十一月十四日に卒業し、少尉候補生の身分で、軍艦「日進」に乗り組んでいた。日本海海戦時に、艦橋で身体中に被弾したかれは、ついに左手の人差指と中指を失った。被弾は自艦の砲の自爆によるものらしい。

のち海軍次官時代に、傷痍軍人記章第一号を受けて、勲章をもらったときよりも喜んだというが、指を失ったことは、終生、気にしていたようである。このような戦争指導者の体験が、かれらの判断や決心に影響し、ひいては、日本の運命をかえたことがあったかもしれない。

第二章　軍政と軍令の構造

日本の海を制した聯合艦隊創世記

軍政と軍令

榎本武揚の北海道脱走は、一つには未開の新天地を求めてのことであった。失業した幕臣たちに、北海道という広い場所で、活動する舞台をあたえてやろうとする意志があったのである。そのような趣旨の嘆願書を、榎本は、仙台湾を出港するときに官軍の四條隆謌に提出している。また箱館に腰を落ち着けてからも、北海道開拓に意欲を燃やしているのである。

そのようなかれの考え方に共鳴したのが、榎本軍を攻めた官軍参謀の、黒田清隆であった。かれは、榎本が投獄されたのち、その助命を嘆願して、頭を丸めたりしている。黒田はやがて、北海道開拓使長官になったが、赦されて獄を出た榎本たちを、北海道の地で、開拓に活用した。

この黒田は、明治五年から十年間に、約一千四百万円を投じて、北海道の開拓に活用した官営の工場や船舶などを運用していたが、明治十四（一八八一）年にこれらを三十万円で関西貿易商会という私企業に、払い下げようとしていた。

この商会には、黒田と同じ薩摩出身の安田や折田など、開拓使庁の人間が関係していた。このため世間の疑惑を呼び、これに立腹した鳥尾、三浦、谷、曽我の四中将が相談して、天皇に上奏したのである。鳥尾、三浦は長州出身であるが、それよりも四人は、月曜会というグループに所属している陸軍フランス派の将軍たちという目で見た方がよい。

この行動のため、払い下げは中止になったが、山県有朋が、四将軍の行動を政治的な行動であるとして非難した。山県は、陸軍卿であった明治十一（一八七八）年十月に軍人訓戒を訓示しているが、その中で、軍人は政治的な行動をしてはならないと示している。

この精神は、明治十五（一八八二）年に出された軍人勅諭に引きつがれるが、それでは軍人は、政治的な行動をする機会がないかというと、そうではなかった。四将軍を非難した山県自身が、内務大臣や総理大臣に就任し、政治を行なっているのである。

総理大臣にはならないにしても、陸軍大臣や海軍大臣に就任した人物は、すべて現役の大・中将であり、その大臣を補佐する陸軍省や海軍省の局長以下も、軍人であった。大正二（一九一三）年から昭和十一（一九三六）年までのあいだ、予備役、後備役の大・中将でも、軍部の大臣に就任できるよう、資格が改められていたが、実際に就任したのは、やはり現役軍人であった。

このように、軍人の政治関与を禁止するとはいっても、どこまでが許されるのかは、あいまいであった。制度上は、大臣と次官は武官でありながら文官扱いになっているので、政治を行なうことができ、局長以下は行政事務ができるだけだと解釈できる。しかし現実には、そう簡単に割りきることはできなかった。

軍の活動は、軍政事項と軍令事項に区分できるというが、この区分もあいまいである。陸海軍大臣が、天皇と議会に対して責任をもっている事項が軍政事項であって、陸海軍省の局長以下のメンバーが、軍政の事務処理にあたるというと、比較的わかりやすいが、それだけでは完全ではない。

たとえば、陸軍士官学校を管轄しているのは参謀総長であって、軍政担当者の陸軍大臣ではない。また陸軍大学校は、教育総監が管轄している。それでは海軍大学校を管轄しているのは、陸軍の参謀総長と同じような、作戦の府の長である軍令部長であるかというと、そうではない。海軍大臣が管轄している。海軍兵学校も同じである。同じような事項が、陸軍と海軍で管轄がちがう例があり、軍政事項なのか軍令事項なのかが不明確である。

天皇の軍事についての大権には、統帥大権と編制大権がある。軍隊を、戦争や演習のために動かす権限が統帥大権であり、軍令事項というのは、そのための天皇の命令に関する事項だと解釈できる。編制大権の方は、平時の兵力の大きさや組織を定め、給与、服務規律（軍紀）、服制などを定める権限であり、その事務に関する事項が、軍政事項であると解釈できる。

軍令を取り扱うのが、陸軍では参謀本部であり、海軍では軍令部ということになる。軍政は、議会の議決があった法律と予算にもとづいて行なわれ、陸海軍大臣がそれぞれ、実施の責任者になる。しかし、軍令には議会は無関係であり、参謀総長と軍令部長が、それぞれ責任をもって処理することになる。

このように説明してくると、いくらかはわかってくるであろうが、実際問題になると、学校の例のように、複雑である。陸軍では、教育は軍政と軍令の中間的な要素をもっていると考えたために、陸軍大臣と参謀総長のほかに、三長官の一人と呼ばれる教育総監をおいて、責任をもたせることにしたのであろう。陸海軍の制度のちがいは、ドイツ式とイギリス式のちがいからもきている。

なお陸軍教育総監部は、明治三十（一八九七）年に設置された教育管掌機関で、前身は、明治二十年に設置された監軍部である。海軍には、これにあたるものとして海軍教育本部があったが、大正十二（一九二三）年に、海軍省教育局に吸収されている。教育を別扱いにするのは、ドイツ式である。

海軍軍縮交渉のとき、「外交交渉によって兵力量を定めるのは、統帥権を犯すものである」という議論が起こった。平時の兵力量は、予算に左右されるので、軍政事項であると考えられるが、また作戦の方針が兵力量に影響することを考えると、軍令事項であるとも考えられる。軍政と軍令の区別には、このようにあいまいなところがあったので、問題になりやすかったのである。

軍政ということばのもう一つの意味に、占領地の軍事力による統治がある。これは国際法で認められた占領軍の権限であって、軍司令官などが責任者になる。日本に進駐した連合軍最高司令官マッカーサー元帥は、日本に対して軍政を行なった。その実行を補佐したのがGHQである。憲法改定、農地解放などは、すべてマッカーサーの指令によって行なわれたのである。

この意味の軍政も、もともとは、軍の行動に必要な軍事行政上の要求から行なうものを意味したと考えられる。純粋の住民統治事項は民政と呼ばれ、右の意味の軍政とは切り離されて、文官機関が実施するのが建て前であった。しかし、いつのまにか、内容が変わってきたのである。混同しないように、注意が必要である。

本来の意味の軍政は、陸海軍大臣が責任者になるのであるが、この地位につくものは、若いときから陸海軍省で、予算を担当するポストを経験してきたものが多い。陸海軍大臣として行政や政治に詳しくなると、つぎには内閣総理大臣の地位が待っている。

内閣制度が成立した明治十八（一八八五）年末から、昭和二十（一九四五）年八月の終戦時までに、内閣総理大臣をつとめたのは二十九人であるが、そのうちの十四人が軍人である。陸軍が八人、海軍が六人であるが、北海道開拓使長官として、屯田兵を指揮する必要があったために、陸軍中将を兼務した黒田清隆を除くと、陸軍七人、海軍六人である。終戦準備内閣を組織した鈴木貫太郎海軍大将だけは、海軍大臣の経験をもっていないが、侍従長、枢密院議長という経歴と、終戦前の特別な事情からの任命であった。

これら軍人総理大臣は、現役を退いてからの就任が多いが、山県、山本、東條のように、現役の大将のままで就任したものもあった。米内海軍大将は、昭和十五（一九四〇）年一月に、予備役に入ったのちに首相になり、半年後に退陣したあとは軍務から遠ざかっていたが、昭和十九年七月に、現役に復帰したうえで、小磯内閣の海軍大臣になった。また東條首相は、首相のまま、陸軍大臣と参謀総長を兼務したが、戦争中の特別の例であった。なお陸海軍大臣は、昭和十一（一九三六）年からは、現役でなければ就任できないことになっていた。参謀総長は、作戦の責任者であるので、もちろん現役である。

予備役と現役とでは、軍人として身分上の取り扱いに大きな差がある。予備役のものは、召集されないかぎり、軍事にたずさわることはないし、軍事上の秘密にふれることはできない。召集された場合も、礼式や指揮権のうえで、現役同階級のものの下位におかれるのである。陸海軍大臣は、武官であることを要求されていない時代もあったが、明治三十三（一九〇〇）年に、現役の大・中将であることを要求されるようになり、大正二（一九一三）年の山本権兵衛内閣のときに、政党の要求を入れて、予備役、後備役の武官にまで幅をひろげた。これが二・二六事件の世相を反映して、昭和十一年にはふたたび、現役であることを必要とすることに改められたのである。

現役武官の人事は、陸海軍大臣が担当するので、総理大臣候補者が組閣するときは、陸海軍大臣の候補者の推薦を、陸海軍に頼むことになり、これが組閣を阻む要因になっていた。二・二六事件翌年に組閣を命じられた予備役の宇垣陸軍大将でさえ、陸軍の総スカンを食って、組閣に失敗している。

つぎに、軍令の担当者は、陸軍では参謀総長、海軍では軍令部長（昭和八年に軍令部総長に改称）であるといったが、軍政の担当者と同じようにこちらにも問題がある。

まず権限範囲が明確でないことは、軍政の範囲について述べたことの裏がえしになる。軍令の権限は、平時には縮小され、戦時には拡大されがちである。たとえば、平時は大臣の担当であった編成の仕事が、戦時には作戦のための編成になるので、総長の仕事になる。そのうえ、平時は商工相などの仕事であった物資の配分などが、軍需物資の配分として軍政事項になり、飛行機用アルミニウムの配分を、作戦に関係ありとして陸海軍両総長が相談するなど、非常に複雑であった。

なお、昭和十九（一九四四）年一月に行なわれたこの相談は、問題がこじれて、一ヵ月も棚上げされたのちのことであったというから、なにをしていたかといいたくなる。

軍政や一般の行政についての天皇の命令は、勅令という法形式で出されたが、軍の戦闘行動などについての天皇の命令は、軍令という法形式で出されることになっていた。軍政と軍令の混乱は、このような法令規則が示されている令達集を開いてみると、明らかである。同じような内容のものが、ある場合は勅令で、ある場合は軍令で示されている。

学校の管轄者が、陸海軍大臣であったり、参謀総長であったり、教育総監であったりするのは、根拠になる法令形式がちがっていることにも関係がある。

陸軍大学校は、軍令を根拠にしていて、参謀総長が管轄し、陸軍軍医学校と陸軍経理学校は、勅令を根拠にしていて、陸軍大臣が管轄した。陸軍士官学校は勅令を根拠にしていたが、一時期、軍令を根拠にしたことがあるためか、教育総監の管轄になっており、陸軍歩兵学校や陸軍騎兵学校など、軍令を根拠にしてはいるが参謀総長との距離が遠い学校は、やはり教育総監が管轄している。

一方、海軍の学校は、すべて勅令を根拠にしているが、海軍大学校や海軍兵学校など、主要な学校は海軍大臣が管轄し、海軍水雷学校など、陸軍では教育総監が管轄するような種類の学校は、所在地の鎮守府司令長官をとおして、海軍大臣が管轄することになっていた。

海軍の方が組織系統が簡単であるが、陸軍の組織原理が、軍政系統と軍令系統を区分しようとするドイツ陸軍の制度によっていたためであろう。

軍政と軍令については、まだまだ多くの問題があるが、読者もそろそろいや気がさしてきたのではないかと思う。このように複雑であったことが、組織の運用をむずかしくしていたことだけを述べて、つぎに移ろう。

軍令機関の発達と陸海軍の対立

「ガダルカナルでは、わが第十七軍が頑張っておりますが、なんとしても補給がつづきません。輸送船が、つぎつぎに沈められ、やむなく駆逐艦での輸送までお願いしていますが、最近では、それもむずかしくなってきました。このさい、潜水艦での隠密輸送をやっていただくわけにはいきませんか」

「海軍は、可能なかぎり協力したいと思っておりますが、潜水艦は艦隊決戦の兵器でもあり、余裕もありませんので、潜水艦での輸送はむずかしいと考えます」

「こうしている間にも、ガ島は餓島になり、飢えた部隊では、戦力の発揮もままならないのですが……。いっそのこと、陸軍の輸送船を潜水船にでもしますか……」

「それはいい案ではありませんか。海軍の技術は、いくらでも提供しますよ」

昭和十七年十一月、ガダルカナルへの輸送について、大本営で交わされた陸軍と海軍のやりとりの結果、ついに陸軍は、輸送を目的とする潜水艦の建造にのりだした。

ニューギニアよりもはるかに東にあるガダルカナル島に、米海兵師団が上陸したのは、昭和十七（一九四二）年八月七日、開戦から八ヵ月後のことであった。日本の最前線であったこの島に駐在していたのは、海軍のわずかの陸戦隊と、飛行場設営部隊であった。

大本営はただちに陸軍の第十七軍に、ガダルカナルの米軍の攻撃を命じたが、奪われた飛行場を奪回できるどころか、輸送船の沈没のため補給がつづかず、全滅が心配されていたのである。

陸軍には、海軍が勝手に戦線を拡大しておきながら、今さらなんだという意識があり、海軍も最初は海戦をくり返していたが、損害が増大するにつれて、ガダルカナルが重荷になっていた。

大本営には参謀本部と同体であるといってもよい陸軍部と、軍令部と同体であるといえる海軍部があって、互いに話し合いはしていたが、両者をとりもつのは天皇だけという組織になっていたため、意見が互いにちがう場合に、どちらかにきめるということができなかった。そのために、陸軍が潜水艦を持つという、おかしなことになったのである。

飛行機のように、陸軍も海軍も必要なものについては、陸海軍で奪い合いになり、結局は、たして二で割ったところに近い線で妥協するのがつねであった。

陸軍の潜水艦は、海軍のものを転用すればよかったのであろうが、そうはせずに零から設計をはじめて、どうにか実用になるものを造りあげている。飛行機やレーダーなど、同じようなものを陸海軍別々に設計製造した例はあまりにも多い。陸軍と海軍は、それぞれが独自性を主張したために、国家としてみた場合は、非常にむだが多かった。これは、現在の官庁にみられるたて割り行政のためだともいえる。

陸軍に対する海軍の独自性を強く主張したのは、のちに首相になった山本権兵衛である。かれは明治七（一八七四）年、海軍兵学校がまだ海軍兵学寮であった時代に、第二期生として、卒業した。明治二十四（一八九一）年の大佐時代に、海軍大臣官房主事という総務課長のようなポストについたかれは、その後は、海軍次官や海軍大臣を歴任しながら、海軍のボスとして活動した。

日清戦争のときに「それでは陸軍は、優秀な工兵隊を使って朝鮮まで橋をかければよろしかろう」と、海軍を無視しがちな陸軍を皮肉ったというが、このころから、しだいに陸海軍は対立の傾向を強めていった。

山本に対する陸軍の星は、やはり首相になった桂太郎や、参謀総長を勤めて、日露戦争前に死んだ川上操六であるが、これらの人々は、明治維新の戦争にはいく分かは関係したものの、主として明治の陸海軍の中で育ってきている。このため、それぞれが育った立場からものを見る傾向をもっており、対立的にならざるをえなかったのであろう。

大正十一（一九二二）年のワシントン軍縮会議の全権委員であり、その直後に総理大臣に就任した加藤友三郎などは、海軍だけしか知らない最初のグループの一人である。かれは、海軍兵学寮が海軍兵学校になった明治九年に入学している。また大正十四年に宇垣陸軍軍縮を行なった宇垣一成は、陸軍士官学校の制度が、ドイツ式になった明治二十一（一八八八）年に、第一期生として入学している。

陸海軍の軍縮は、このように陸海軍が、それぞれ独自の道を歩きだした時代に学校に入った人物の手で行なわれている。このため、軍縮の時代も、それにつづく軍拡の時代も、陸海軍の意思の疎通はよくなかったと考えられ、陸海軍の意思の統一なく行なわれた軍備が、その後の敗戦の原因の一つになっているのではなかろうか。

陸海軍の対立は、軍政面よりも軍令面でめだつ。この軍令をあつかう機関として、陸軍の参謀本部が独立したのは、明治十一（一八七八）年であったが、これが明治十九（一八八六）年に、皇族の本部長のもとに、陸海軍共通の軍令機関に発展したときから、陸海軍の間がおかしくなった。海軍の軍令部門は、このとき初めて、海軍大臣の手を離れ、参謀本部長熾仁親王の下で、仁礼海軍中将が海軍側の次長として、責任を負うことになった。

この制度はまもなく、陸軍と海軍の各部が参謀本部長の下に並立する形から、陸軍参謀本部と海軍参謀本部が、皇族の参軍の下に並立する形に改められた。もっともこれは名称の変更だけで、実質的にはそれまでと変わりはない。

ところが、海軍側は、皇族ではあっても陸軍の参軍の下につくことを喜ばなかった。結局、海軍参謀本部は、参軍の下を離れて、海軍参謀部として海軍大臣の下に復帰した。この海軍参謀部が、海軍軍令部として海軍の独立した軍令機関になり、陸軍の参謀本部と無関係に、両立的存在になったのは、明治二十六（一八九三）年のことである。

陸軍はこのとき、川上参謀次長などが、「これまで国家全体の国防については、参謀本部が取り扱い、その責任を参謀総長が負っていた。新しく海軍軍令部を設置して、参謀本部と同じような権限をあたえると、国防の方針が二分されることになる」といって反対した。

しかし、陸軍に掣肘されることを喜ばない海軍は、山本大佐のつきあげもあって、仁礼海軍大臣が強硬な態度をとり、ついに、陸海軍の軍令機関分立が実現した。なお、川上も山本も薩摩の出身であり、これは藩閥の対立の結果ではなく、陸海軍の対立の結果である。

こうして分立した陸海軍の軍令機関の対立が、効率的な軍備をさまたげた例は多いが、もっとも根本的なものは、帝国国防方針についての意見の不一致である。

日露戦争の直後、参謀本部の田中義一中佐が提唱して、わが国の国防方針と、これにもとづく軍備の整備計画を作ろうとした。当時の陸軍は、ロシアがふたたび力をつけて、シベリア方面から南下することをおそれていた。しかし海軍は、バルチック艦隊が壊滅した今では、敵はロシアではなくアメリカであると考えていた。

元老の山県元帥が陸海軍の間を仲介したが、陸軍の大御所の仲介では、うまくいくはずがない。結果として、ロシアもアメリカも仮想敵国に指定され、その中味は、陸軍が対ロシア軍備を推進し、海軍はアメリカ艦隊に対抗しうる艦隊を建造するという、方針が二分された非効率的なものになった。当時の不況の中で、このような軍備をすることは財政的にむりがある。

明治四十五（一九一二）年から翌年にかけて、二個師団増設問題で西園寺内閣が倒れ、つづく桂内閣も、増師反対・憲政擁護の野党の反対運動の中で、内閣を投げださざるをえなかった。あとを引きうけた山本権兵衛は、政党と取り引きをして、陸海軍大臣の任用資格を予備役、後備役にまで拡大し、増師問題を一時的に棚上げしたが、翌年からは、第一次大戦参戦の状況の中で、軍拡に転じている。

日露戦争前に日本が保有していた軍備は、十四個師団、艦艇二十五万トンであった。これが、戦争後の国防方針に沿って拡大された結果、大正十（一九二一）年にワシントン軍縮交渉がはじまったときには、陸軍二十一個師団、艦艇九十八万トンになっていた。山本内閣以後の海軍費の増加はとくに大きく、国家財政の三割を占めている。陸軍費は二割たらずであるが、シベリア出兵などで、別に戦費を使っている。

こうして拡大した軍備は、大正十一年の対米六割に制限されたワシントン海軍軍縮条約調印の結果、艦艇八十五万トンにまで減少したが、昭和十一（一九三六）年には、かえって増加して百十四万トンになった。陸軍も、大正十四（一九二五）年の宇垣軍縮で四個師団を減じて十七個師団になったが、これで浮かした経費を、機械化、近代化にあてている。

このように拡大した軍備も、陸海軍の足なみがそろっていないので、日米間の戦闘がはじまってみると、いろいろな面で問題が生じた。

機械化、近代化の柱であった航空部隊の拡充が、陸海軍それぞれに、それぞれの国防方針の線に沿って行なわれたため、もっとも大きな問題になった。沖縄戦の時期には、陸軍の重爆隊を海軍の指揮下に入れて艦船攻撃をさせたことは、すでに述べたが、このようなことをするためには、飛行機の改装や乗員の訓練が必要であり、簡単にはいかなかった。また、大陸での行動を考えて設計されていた陸軍機は、海上での行動をするためには航続距離が短すぎた。

資源を南方に求めることを考えていなかった陸軍は、海上輸送路が脅かされることなどは、念頭になかった。陸兵を輸送するための輸送船までを持っていた陸軍も、輸送の護衛は、海軍がやってくれるであろうと期待しているだけであって、平時に、大がかりな輸送と護衛の訓練を、海軍と協同して行なうことはなかった。

海軍の護衛隊が編成されたのは、戦争がはじまって四ヵ月たってからである。それも七、八隻の船団を、一隻のオンボロ護衛艦が護衛するという体制であって、米潜水艦が活躍する

〔明治26年の陸軍中央部〕

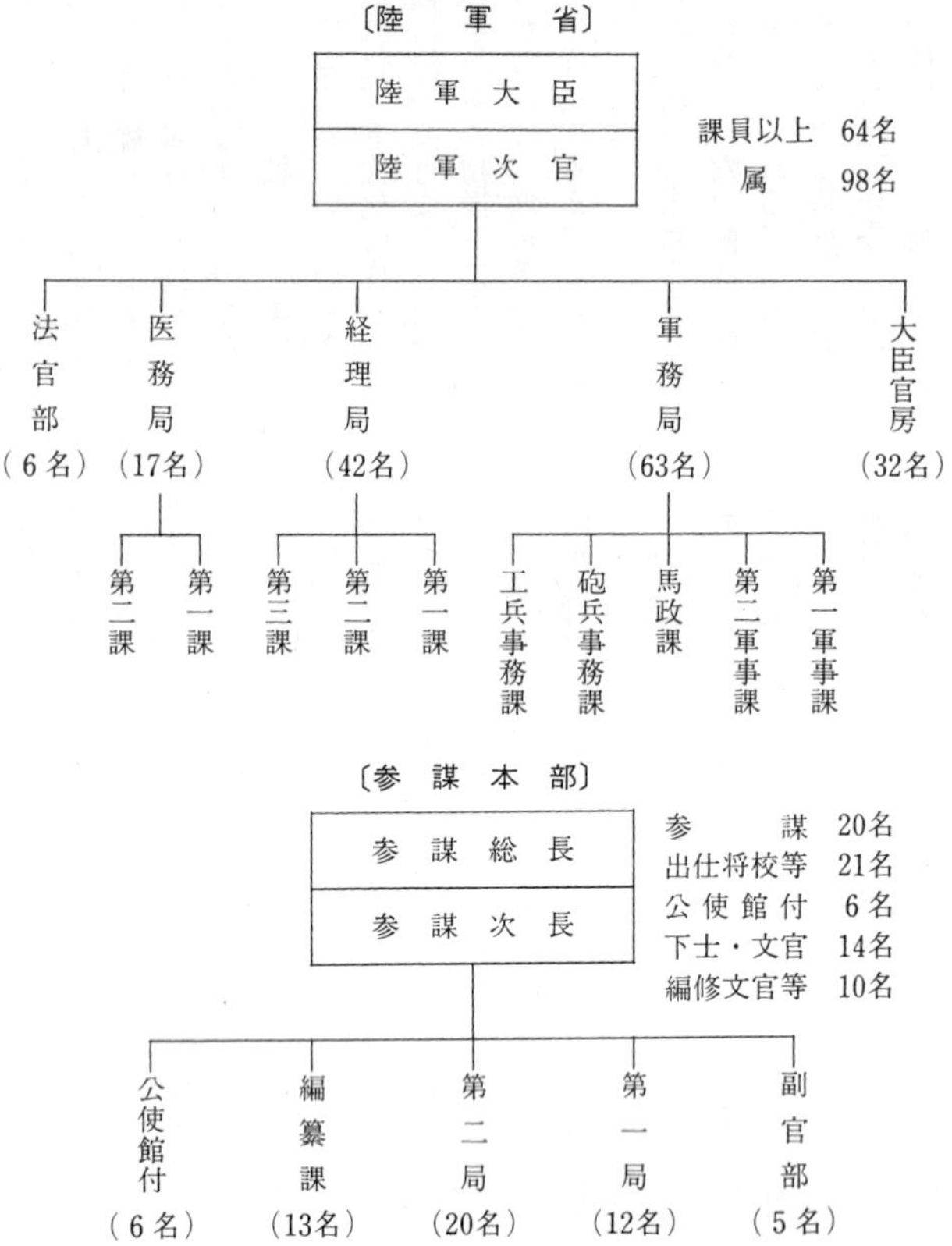

注：大臣・参謀総長は大・中将、陸軍省局長は少将、参謀本部局長は大佐、課長は大・中佐、局員・課員は少佐・大尉。参謀本部（ ）の員数には下士・文官を含まない。

〔明治26年の海軍中央部〕

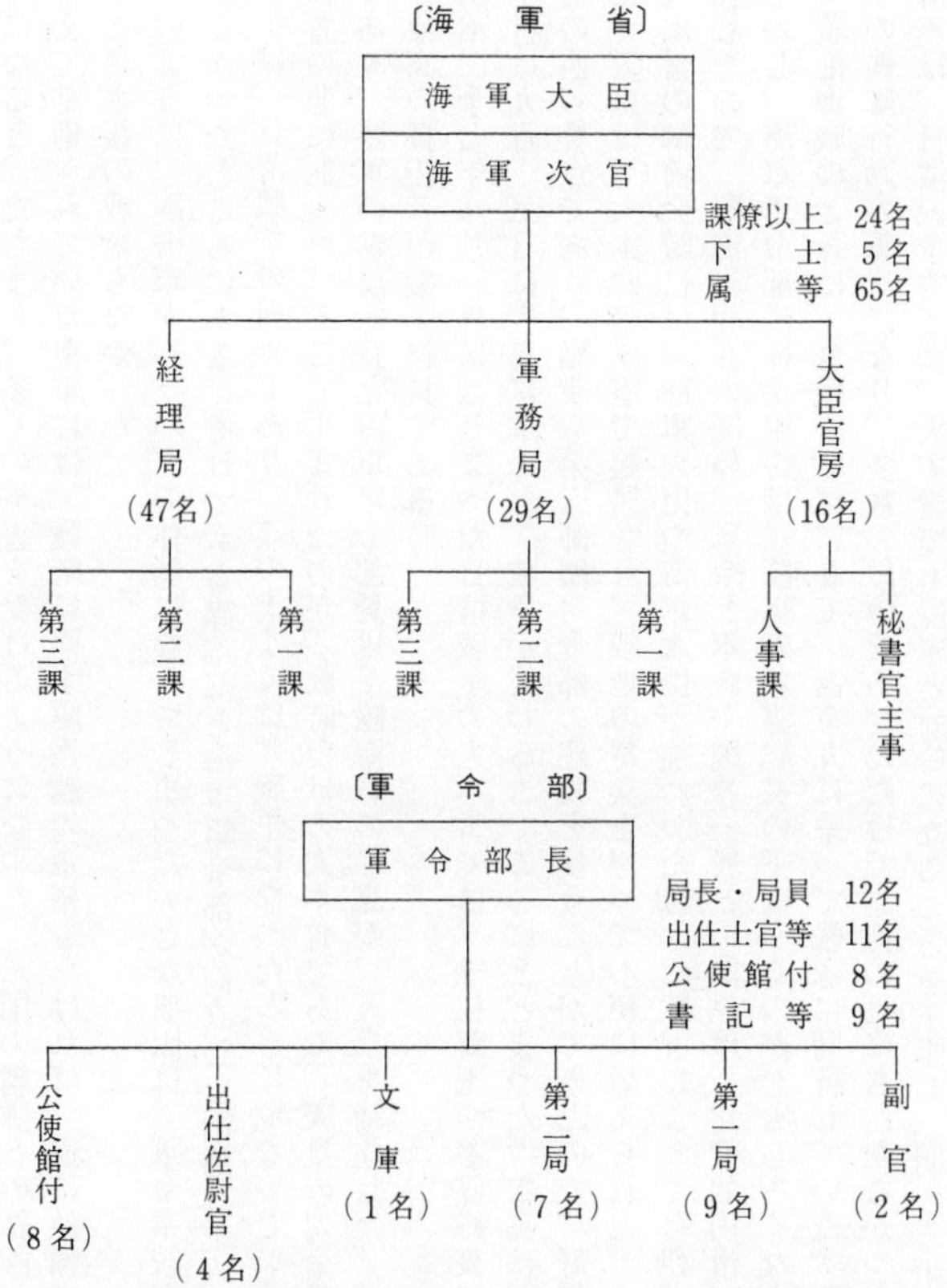

注：大臣・軍令部長は大・中将、海軍省局長は少将、軍令部局長は大佐、課長は大・中佐、局員・課僚は少佐・大尉。軍令部（　）の員数には、書記等を含まない。

ようになると、たちまち、多くの被害を受けるようになった。米国の艦隊との艦隊決戦だけを考えて整備されていた海軍には、護衛に回す駆逐艦の余裕もなければ、逆に敵輸送船を攻撃する潜水艦の戦術もなかった。

このように、陸海軍がバラバラの体制になってしまった大きな原因は、軍令系統が一本化できなかったところにある。それでも参謀本部と海軍軍令部が両立した明治二十六（一八九三）年は、日清戦争の前年であり、このままでは、戦争になったときに危ないという意識が、関係者の間にあった。そこで生まれたのが、戦時だけの大本営である。天皇の司令部が大本営であり、陸軍の参謀総長と海軍軍令部長以下陸海軍の参謀が、天皇を補佐した。補佐のための最高の責任者が参謀総長である。

明治二十七年八月一日にはじまった日清戦争の大本営では、熾仁親王が参謀総長であった。大本営は九月十三日に広島に進出し、戦争が終わるまでここにとどまった。広島は、当時の鉄道の西の終点であり、施設も第五師団司令部の建物を使うことができたので、好都合であった。天皇は、大本営の一室で起居され、戦地の将兵を想って不便に耐えられた。

大本営の御前会議には、陸軍大臣や海軍大臣が加わったほか、状況によっては伊藤首相も参加したので、陸海軍相互の関係、軍令と軍政や国務一般との関係は、比較的円滑であった。

しかし、海軍軍令部長樺山中将は、陸軍の参謀総長の下につくのがおもしろくなかったのか、黄海海戦のときは、督戦を名目にして、西京丸に乗って艦隊に同行していた。西京丸は、日本の艦隊行動の重荷になり、多数の敵弾をあびただけで、何の役にもたたなかった。

海軍は、日清戦争終了後、大本営でも陸軍と対等になることを主張し、明治三十六（一九〇三）年に陸軍主導型が改められて、陸海軍は完全に対等になった。

日露戦争は、このような形の大本営が作戦計画を行なったのであるが、明治天皇がリーダーシップを発揮されたのと、関係者に小国日本という自覚があったためか、陸海軍の協同は、大きな破綻なしに行なわれた。

バルチック艦隊が極東に回航される前に、旅順港のロシア艦隊を撃滅する必要があると考えていた海軍の意思は、よく陸軍に理解された。乃木第三軍は、そのために必要な旅順攻略に死力をつくし、海軍もまた、陸軍の海上輸送の安全に万全を期したのである。それでも陸軍兵を乗せた輸送船の常陸丸などが、ロシア艦に撃沈されたのであって、上村中将の第二艦隊は、必死になって撃沈したウラジオ艦隊を追い、ようやく捕捉撃沈している。

軍令が二分されたとはいっても、明治維新を戦った将軍や政府首脳が現役である間は、このように陸海軍の協調もうまくいったのであるが、これからのちが問題であった。以下では、各項目ごとに、そのような問題点もふくめて、陸海軍それぞれの制度を見ていきたい。

第三章　階級制度

〝星〟の差で味わった天国と地獄

海軍の中佐・中尉の廃止

明治二十七（一八九四）年九月十七日の正午前、日本海軍聯合艦隊は伊東祐亨中将統率のもとに、清国北洋水師提督、丁汝昌の艦隊に接近しつつあった。日清艦隊間の第一弾が、七月二十五日に豊島沖で交わされて以来のことである。

待ちかまえる清国艦隊は、距離五千八百メートルで射撃を開始し、日本側は三千メートルに近づくのを待って、「吉野」が初弾を送った。「吉野」は、第一遊撃隊の旗艦として先頭を航行していたのであり、艦長は河原大佐である。東郷大佐が艦長であった「浪速」は、四番艦に位置していた。三番艦を指揮していたのは艦長心得の上村少佐であり、本隊五番艦の「比叡」も、艦長心得の桜井少佐が指揮した。

戦闘開始後、本隊に随行していた「赤城」と西京丸および本隊の「比叡」は、低速であったこともあって集中攻撃を受けて危なくなり、とくに「赤城」は、艦長の坂元少佐以下、多数の戦死者をだしたが、第一遊撃隊の援助をえて、なんとか危地を脱した。日本側は損害はだしたものの、一艦も失うことなく、清国艦五隻を撃沈破したのである。

ところで、この黄海海戦では、右に挙げたように、艦長が大佐または少佐になっており、中佐が見あたらない。これは当時、中佐の階級がなかったためである。中佐だけではなく、中尉の階級もなかった。

明治三（一八七〇）年に、陸海軍に佐尉官がおかれたときは、陸海軍ともに佐尉官を、大・中・少の三区分にしていた。ところが、明治十九（一八八六）年に海軍のみ、中佐・中尉の階級を廃止したのである。これは日本海軍の師であるイギリス海軍に、あわせたものであった。つまり、英海軍のキャプテンにあたる階級が、大佐と中佐に分かれているのは交際上不具合である、という理由によって改定したものである。

当時のヨーロッパでは、フランスとロシアが佐尉官二階級制であったが、その他の国は多く、三階級制であった。日清戦争の相手の清国も、三階級制であった。このような状況からみて、順当な改定であるとはいえなかった。なによりも、陸軍が三階級制であることから生ずる不都合が多かった。

俸給にせよ、位階勲等にせよ、陸海軍で同一階級にある者が、同一であることが望ましい。海軍の大佐が、階級としては陸軍の大佐、中佐に相当するのでは混乱が生ずる。結局、明治三十年にはもとに戻って、ふたたび中佐、中尉をおくことになった。

この再改定のとき、明治天皇は「武官の官階をみだりに変えるのはよろしくない」と、注意されたとのことである。海軍が陸軍に対抗意識をもち、陸軍とは違った道を歩き出したころの一幕であった。

階級制度のはじまり

王制復古後の明治元年の春、陸海軍に一等、二等、三等の陸海軍将を置き、翌年には、大将、中将、少将と呼称を変えた。明治三年には、大佐以下伍長までの、なじみ深い呼称も設けられている。この時代のこれら名称は、階級というよりは職名であって、たとえば大隊長のことを少佐といったのである。

明治四年の廃藩置県直後には、大元帥、元帥の名称が定まり、西郷隆盛が元帥になっている。しかし、この元帥は、東郷元帥など明治三十一(一八九八)年以後に、元帥府に所属することを意味するものとしてあたえられた称号とはちがって、階級的なものであった。実際は上級大将とでもいうべきものであり、明治六(一八七三)年には廃止されている。

この廃止によって隆盛は、陸軍大将に格下げされたような形になった。鹿児島に建てられている隆盛の銅像は、この大将の服装をしている。隆盛の弟の従道は、兄の陰にかくれがちであるが、明治三十一年に元帥府が設置されたとき、陸軍の山県、大山と並んで、海軍でただ一人、元帥になった。

元帥というのは、天皇の顧問として、元帥府に入ったものの称号であって、階級ではない。功労がある陸海軍の大将にあたえられるもので、皇族を除くと、陸軍十二名、海軍十名というのが終戦時までの総数である。

この数には、山本、古賀両聯合艦隊司令長官のように、死後のものもふくまれており、その中の一名に、従道がなったということは、非常に名誉なことであった。

かれは明治十八年末に内閣制がスタートしたとき、陸軍中将のまま海軍大臣になった。その後、内務大臣などを勤めたのち、明治二十六（一八九三）年にふたたび海軍大臣に就任してから、ようやく海軍に肩書きを変え、二十七年に海軍大将にのぼった。元帥になったのは、かれが海軍大臣のときであり、自分の元帥府入りに、大臣として同意の署名をしている。

明治十年代までは、海軍が陸軍に対して、それほど独自性を主張しなかったため、このようなことが可能であったのであろう。

明治六年の改定は、元帥の廃止だけではなく、階級制度全般にわたった。このとき尉官が、判任官から奏任官に格上げされた。もっともこの格上げは武官だけではなく、文官で尉官に相当する官等も、すべて格上げされている。

この奏任官というのは、内閣総理大臣（当時は太政大臣）から天皇に奏上して任命される官であり、判任官というのは、省内の長が任命を委任されている官である。結果として、下士のみが武官としての判任官になった。兵卒は武官ではなく卒という身分であった。これは文官の手足になって働く軽易な事務員や守衛、工員など、雇員とか傭人と総称される身分の者に対応している。

明治時代には、警察署長を勤めた警部や小学校長でさえ、判任官の最上級程度に扱われていたのであり、当時の軍人の地位の高さが知れる。

明治三十七（一九〇四）年九月初旬、満州平野の遼陽付近で、日露戦争最初の大会戦が行なわれた。日本軍十四万、ロシア軍十六万が衝突した結果、ロシア軍が一・八万、日本軍が二・三万強の損害をだしている。

この会戦中の最大の激戦地であった首山堡で、歩兵第三十四連隊の大隊長、橘周太少佐が戦死した。血刀を弾丸に打ち砕かれながらの壮烈な戦死であった。

少佐は戦死後、功により中佐に特別進級したが、当時は二階級特進の制度はなく、一階級の特進さえも破格のことであった。日露戦争で戦死し軍神として祀られたのは、この橘中佐と、旅順口閉塞隊の広瀬武夫中佐の二人だけである。

橘周太は出征まで、名古屋の地方幼年学校長を勤めた。少佐の校長であったわけである。当時の生徒数は、約百五十名であった。幼年学校長は、大正末年になると中佐に、日華事変のころには大佐・少将に格上げされた。大戦も末期になると、少将が通常のことになっている。この間に生徒数は三倍以上に増えたのであるが、それにしても、明治時代の少佐の価値は大きかったという感じがする。

将校生徒の身分

地方幼年学校は明治二十九（一八九六）年に発足したものである。生徒は十三〜十六歳で入学し、三年間の教育を受けた。明治二十九年以前からあった幼年学校は、中央幼年学校と名称と内容を改めて、地方幼年学校卒業者が入学する二年の課程のものになった。これら幼年学校の生徒には階級がない。生徒は中学生同様の月謝を払って、中学校相当以上の教育を受けたのであって、軍人の卵ではあったが、軍人ではなかったのである。

中央幼年学校を卒業したものは、ここで初めて上等兵の階級をつけて、約半年の隊付訓練を受けることになる。このとき、一部の成績優秀者には、二等軍曹（後の伍長）の階級をあたえる制度があった。隊付間に、階級は一等軍曹に進むのであるが、身分は士官候補生であった。士官候補生採用試験に合格した尋常中学校卒業者は、最初に約一年間の隊付訓練を受けたのち、幼年学校出身者と一緒になって、士官学校に入学した。こちらの方は、最初は一等卒からはじまった。

中央幼年学校は、大正九（一九二〇）年に士官学校の予科に昇格し、幼年学校出身者も中学校出身者も、まず同時に予科に入ることになった。約二年間の予科修了後、全員が上等兵の階級章をつけた士官候補生として、半年間の隊付訓練を受けた。この間に軍曹に進むことは、それまでと同じである。士官学校の本科では、軍曹の階級章をつけたまま教育を受け、卒業時に曹長に進んだ。

陸軍士官学校とちがって、海軍兵学校では、在校中に階級章をつけることはしなかった。生徒は身分的には准士官と下士官の中間に置かれていた。

陸軍が形式的にではあれ、兵卒から下士生活を体験させて将校にしたのに対して、海軍は卒業までは生徒として特別扱いをし、卒業時には少尉候補生という身分にして、階級章も少尉に似たものをつけさせたのである。陸軍のドイツ式、海軍のイギリス式がこの差になったものであろうが、海軍の方が身分的には貴族制度的であった。

現在、米国などでは、陸士、海兵卒業時に、卒業者を少尉に任官させている。日本の陸軍士官学校でも、明治二十一年に士官候補生の制度をドイツからとり入れるまでは、約二年間の士官学校を卒業したときに、少尉に任官させていた。もっとも砲兵科、工兵科の者は、あと一年間、生徒少尉と呼ばれながら、兵科に必要な勉学をつづけた。
同じ時代の海軍兵学校もまた、生徒卒業時に少尉に任官させていた。しかし、修学期間は四年間であって陸士よりも長く、その最後の一年間は、練習艦での実習期間であった。後になって、この実習期間を学校から切り離し、卒業時に少尉候補生に任命して、乗艦実習をさせることになったのである。

明治の海軍

明治六（一八七三）年、イギリス海軍の現役士官であるコマンドル（少佐艦長）・ドーグラス以下三十四人が、海軍兵学校の教官として来日した。イギリス式の海軍運用を教えるためである。かれらがもちこんだイギリス式は、階級制度にも色濃く影を落としていた。さきに述べた中佐、中尉の階級を廃止したのもその現われの一つであるが、そのほかの例も挙げておこう。

イギリスの海軍士官は貴族であり、水兵は、古くは奴隷狩りのような形で町中から連れて行かれた若者や浮浪者であった。このため士官が水兵を殴るのは当然視されており、日本海軍の名物であった精神注入棒による制裁も、イギリスに起源を求める説がある。

また貴族は、自分自身の従者を連れて乗艦していたのであり、これと同じような制度が日本海軍では準卒として、明治十八年まで残っていた。準卒というのは、艦長等の従僕や、使丁、炊事夫などを勤めるもので、各艦ごとに採用するものであった。

特務士官の制度も、陸軍とはややちがった、イギリス色のあるものである。下士官あがりの士官は、特務士官と呼ばれて別扱いされ、専門の職務の範囲内での、限られた権限しかあたえられていなかった。明治の初めのころは、この特務士官の制度さえなく、海軍兵学校や海軍機関学校などで正規の教育を受けない限りは、士官になることはできなかった。

しかし、明治三十年にはじめて、兵曹長という階級を設けて、下士官出身者を士官待遇するようになった。この兵曹長は、のちの准士官身分の兵曹長ではなく、特務少尉にあたる階級である。これは、兵科以外の分野では、軍楽長とか看護長などと呼ばれていた。大正九（一九二〇）年からは、特務士官の階級が、特務大・中・少尉に三区分され、兵学校出と似た形になった。

このような海軍に対して、陸軍が曹長以上の下士官、准士官の中から士官を採ったのは、大正六年からである。もっとも陸軍は、明治の初期には、下士養成の学校であった教導団の生徒の中から、優秀者を士官学校に入学させていた。日露戦争時に参謀次長であった長岡外史少将（のち中将）や首相になった田中義一大将は、教導団出身である。

また、大正九年以後に少尉候補者という形で採用した、下士官出身の少尉以上については、海軍の特務士官のような、指揮権の制限はなかった。海軍よりは陸軍の方が平等社会であったといえよう。

陸軍と海軍は、任務からくる体質的なちがいのほかに、その師であったドイツまたはイギリスの伝統からくるちがいをもっていたようである。陸軍はそれでも旧武士社会的な日本の伝統を残した部分が多かったのに対して、明治の海軍は、徹底して英国化を図り、階級制度の上にも、それが強く現われているようである。

戦時動員と階級

陸軍と海軍の体質のちがいからくる制度上のちがいの一つに、予備員のあり方がある。兵役上は陸海軍ともに現役服務後、定められた年齢まで予備役に服するわけであり、これが動員時の重要な召集源になった。

戦時動員で平時の何倍にも膨れあがる陸軍は、そのさいの下級将校要員を確保するという意味もあって、明治二十二（一八八九）年に一年志願兵の制度を作った。当時はまだ、現在の大学院卒業生よりも少なかった中学校等以上の卒業生の中から、予備役の少尉を作っていたのである。この制度は昭和になってから、幹部候補生の制度に改められた。

海軍にも同じような制度があり、前大戦中は予備学生の制度として発展活用された。明治二十年に始まった予備員の制度は、商船学校卒業生を予備士官として採用するものであり、第一回目は五名のみの採用であった。この数は、その後も多くて年間十数名であり、それほど増加していない。陸軍とちがって戦時の大拡張を予定していなかった海軍は、それほど多くの予備員を必要としなかったのである。

採用された予備士官には予備少尉の階級があたえられ、船乗りとしての在職中に、予備少佐、昭和九年からは予備大佐にまで進級している。この点、陸軍の予備役の少尉が、平時はまず進級しなかったのとはちがっている。

予備員は、前大戦中には陸海軍ともに大活躍したのであるが、日露戦争時にも、一年志願兵出身の中・少尉が活躍している。その数は二千名以上であり、開戦時の現役尉官と同数程度が召集されている。もともと陸軍当局は、予備員としての一年志願兵出身将校に、学歴優遇措置以上の大きな効果を期待していたわけではなかったが、将校の不足をおぎなううえでは、それなりの役割を果たしたのであった。

さらに日華事変以後になると、改定された予備員制度のもとで、陸軍の甲種幹部候補生出身者や海軍の予備学生出身者が、尉官の主力を占めた。昭和十四（一九三九）年の陸軍兵科の中・少尉の七割、昭和十七（一九四二）年の海軍中・少尉の三割強が、これら出身者で占められている。

これら出身者は戦時の進級で、陸海軍ともに、大尉にまで進級している。海軍の軍医や主計官など大学卒の特殊技能者を活用するための二年現役という中尉からはじまる種類の者は、同じ期間に少佐まで進級しているが、幹部候補生または予備学生出身である予備員では、大尉が最高階級であった。やはり同じ期間に、陸士、海兵出身者は少佐に進級しているので、予備員であるがゆえに、進級が遅かったことになる。

もっともこの当時、軍の学校出身者はとくに進級が早くなっていた。平時には少尉任官後、少佐に進級するのに十年以上かかっていたが、これが半分に短縮されていたのである。軍の拡張のために、中・少佐が不足していたからであった。平時の基準からいえば、予備員の進級も遅くはなかったのである。大戦中、大佐以上の進級は、少佐以下ほどには短縮されなかった。その代わりに、平時であれば当然に予備役に編入されたであろう下位の序列の者まで、少将、中将に進級した。師団数や艦隊数が急増したためである。

平時であれば、陸士、海兵の各期のうちの一割以下の者が少将以上に進んだのであるが、大戦中には、陸士で二割以上、海兵で五割以上の者が進んだ期がある。その一方では、予備役から召集された大佐の老聯隊長を、同期生である中将の師団長が指揮するという変則も、多く生じている。

もっとも軍隊は戦時が正則であり、平時が変則であるという考え方をするならば、戦時を考慮した軍人養成を平時に心がけておくべきであった、ということになるであろう。現実には、平時であった大正末期から昭和初年にかけて軍縮が行なわれ、陸士、海兵等の規模も縮小されて、それが中堅将校の不足をもたらしたのであった。平時からの準備は、いうは易く、実行は困難である。

階級と江戸時代の身分

「輜重輸卒が兵隊ならば、チョウチョ、トンボも鳥のうち」とあざけられたという輜重輸卒は、兵の階級の一つであった。一応の戦闘能力をあたえられていた輜重二等卒の下位にあって、輸送任務に従事したのである。実際に現役として兵営で服務するのは二～三ヵ月であり、基本的な教練と輸送訓練をするだけであった。

しかし、日華事変がはじまってから召集期間が長くなり、輜重そのものも車両化が進むなどして、進級を考慮して輜重特務一等兵と同二等兵の階級ができた。さらに昭和十四（一九三九）年には、輜重兵に吸収されている。

一等卒、二等卒という呼称が、一等兵、二等兵に変わったのは、昭和六（一九三一）年である。この卒という呼び方は、江戸時代の足軽、同心を意味する。そのためにこれを気にする兵がいるということで、当時の宇垣陸相が変えたのである。

足軽、同心は、通常はその個人限りの奉公であって、家を継ぐということがなかった。ただ中間《ちゅうげん》、小者《こもの》とは違って、刀を差した武士の端くれではあった。ただし藩によっては、苗字を名乗ることも許されず、中間に近い扱いを受けることもあった。

明治の初めに士族のほかに卒族という身分を、平民の上においた時期があるが、足軽は、この卒族に入れられ、後に一部の士族に昇格した者を除き、平民に区分された。また下士以上は士族に区分された。

軍隊の身分関係に、このような身分関係が採り入れられていたのであって、かつて槍隊や鉄砲隊の要員であった足軽にあたるものとして、兵卒がおかれ、一等卒や二等卒という階級名称が定められた。軍曹などの下士は、兵卒とちがって、武官としての身分上は判任官になった。かつての足軽と下士の身分上の差に似ている。

江戸時代の下士は、徒士《かち》であり、原則として馬上の士ではなかった。陸軍でも将校は馬に乗ったが、下士は騎兵など特別の場合以外は、徒歩が普通であった。時代劇の馬上、颯爽と捕物を指揮している与力は、馬に乗ってはいるが、いわば准士官であって、将軍に直接会うことができるお目見得《え》の身分ではなかった。給与の上でも石高で示される旗本ではなく、米二百俵を現物給与された御家人であった。

軍人は、少尉任官後まもなく正八位の位階をあたえられており、天皇陛下に拝謁する資格をもっていたのであって、少尉はこの面では、与力以上であった。

かつて源義経は一ノ谷の合戦の功により、従五位下、左衛門少尉《しょうじょう》に任官して、兄頼朝の怒りを買った。軍人では、中・大佐が従五位に叙せられていることが多かったが、義経の少尉は格が高かったということになる。

軍人の階級として使われた将、佐、尉、曹の呼称は、律令時代以来の歴史的な匂いのするものであり、王制復古でふたたび活用されることになったのであるが、格という点では、やや変わってきていた。

このような古い制度と徳川幕府の制度が合体し、さらに西欧の制度が加えられて、明治の陸海軍の階級制度ができあがったのである。古いものに新しいものをつきまぜて、日本的なものを作りあげる日本人の特性は、制度のうえにもみられる。

兵科以外の階級呼称

将、佐、尉で示された階級は、もともとは陸海軍ともに、兵科つまり戦闘職種だけに使われた。徴兵制が施かれた明治六年の改定階級制度についてみると、陸軍の兵科は、参謀科、要塞参謀科、憲兵科、歩兵科、騎兵科、輜重科、砲兵科、工兵科に分かれている。この各科の階級は、大佐、中尉、軍曹、二等歩卒などと示されているが、会計部は、軍吏（大尉）、二等書記（軍曹）のような形で示されている。

海軍でも、航海、砲術などの戦闘に関係ある部門で、士官は将、佐、尉を使っているが、下士は掌砲長、甲板長などの特別の呼称を使った。ここでも主計科は、主計少監（少佐）、大主計（大尉）などの呼称を使っている。

軍医部門では陸軍が、軍医総監（少将）、二等軍医正（少佐）、軍医（大尉）、海軍が大医監（大佐）、大軍医（大尉）のような使い方をしていた。軍医の最高階級は、陸軍が少将相当であったのに対して、海軍は当初、大佐相当であった。しかし、明治九（一八七六）年に海軍が、少将相当の軍医総監を置いている。

明治末年に、兵科以外の各部門の最高位が中将相当に改められた。文豪森鷗外は、本職は軍医であり、陸軍軍医総監にまで進んだが、この階級は中将相当であった。文筆に精をだしすぎて、左遷されたことがあるかれも、軍医としての最高位をきわめている。軍医などは、このような格付けの改正についで、階級呼称も兵科式に改められた。海軍が大正九（一九二〇）年に、陸軍が昭和十五（一九四〇）年に、主計大佐、軍医大尉、衛生曹長といった式の呼称を採用したのである。

主計や軍医など支援、後方部門は、なにかにつけて兵科と差別されることが多かった。とくに部隊の指揮権については差別が明瞭であり、陸軍主計将校が、戦闘部隊を指揮するようなことはなかった。たとえば頭《かしら》右の敬礼は、部隊を指揮する権限をもつ者に対して行なわれるのであって、主計将校や軍医将校に対しては「気をつけ」の号令だけという礼式になっていた。艦上でも、軍医中佐が兵科の当直将校である大尉の指揮を受けるのは、当然であった。

主計将校や軍医将校などの階級呼称に、兵科と共通の少佐や大尉を使うことで、いくらかは差別感が少なくなったであろうが、ただそれだけのことであった。大戦中、兵科の予備将校でさえも、同じ大学出でありながら、階級章の線に添えられた軍医や主計官の色別を見て、態度を変えたのである。

このような差別ということで最も問題になったのは、海軍機関学校出身の機関将校と、海軍兵学校出身の兵科将校との関係であった。機関将校は、明治の初めには軍医などとともに文官扱いされていたのであるが、やがて武官扱いに変わり、大正四（一九一五）年からは機関将校という名称の下に、軍医とは一線を画した戦闘関係者になった。階級呼称は機関大佐というように、機関の二字を冠して、純粋の兵科将校とは区別されていた。また戦闘上の指揮権も、限定されていた。

このため機関将校は、なんとかしてこの区別をなくしたいと努力したのであって、そのかいあってか、昭和十七（一九四二）年に機関は兵科の一部になり、階級上も機関の文字がとれたのである。さらに昭和十九年には、海軍機関学校が海軍兵学校の分校になったのであり、一見、この問題は解決されたかのように見えたが、実務上はやはり、機関学校出身者は、指揮権の制限を受けた。

パイロットとして航空隊に勤務した機関学校出身者は別にしても、実際問題として、機関技術者に軍艦の指揮はできなかったからである。専門技術者が、総裁や社長など、トップになり難い傾向はどこの社会にでもある。

戦闘体験による改定

日華事変がはじまってから、階級制度は何回か改定された。これは戦争を通じて明らかになった問題点の改定や、新制度の制定のためであった。

輜重特務兵が一・二等兵に区分され、さらに輜重兵に吸収されたことは、前に述べた。このとき、衛生部門の同じような存在であった補助衛生兵についても改定され、最終的には、衛生兵に吸収されている。また軍医関係では、歯科を新設した。歯科の少将〜少尉の階級を、陸軍が昭和十五年、海軍が昭和十七年に置いている。

同じころ陸海軍ともに法務科を置いて、それまで文官であった法務官を、武官にして階級をあたえた。法務官は大学の法科出身であり、法律の素養はあったが、軍事の素養がなかったため、戦時の法務に支障を生じていたための改定であった。

陸海軍の下士以下の階級呼称を、相互共通するものに改めたのも、戦時の協同作戦の必要性からであろう。海軍兵の階級は、長い間一〜四等水兵（機関兵、看護兵等）に区分されていたのであるが、昭和十七年に、水兵長、上等水兵、一等水兵、二等水兵（整備兵、機関兵、衛生兵等）という陸軍類似のものに改められた。陸軍は昭和十五年に兵長を新設し、上等兵、一・二等兵を加えて四区分していたので、これに対応した改定である。同時に海軍の下士官が、一〜三等兵曹に区分されていたものを、上等兵曹、一等兵曹、二等兵曹に改めた。

海軍の准士官は最後まで兵曹長と呼ばれていたが、陸軍の准士官は、昭和十二年まで海軍と同じように特務曹長と呼ばれていたものを、准尉に改めた。ここでは不一致が生じたが、その後は改められていない。

なお大正六年から九年の間の陸軍には、准尉と呼ばれる階級があったが、これは准士官ではなく、少尉相当官である。下士出身者を士官待遇にするために設けたものであり、その後は少尉に吸収されている。その当時の海軍の准士官は上等兵曹であり、下士出身の少尉相当官が兵曹長であったので、昭和十七年以後のものと混同しないよう注意する必要がある。この兵曹長は大正九年に、特務大・中・少尉に変わった。

制度改定の方向

明治建軍から七十年余の間、古い日本の制度に西洋の制度を加えて出発した階級制度は、時代に応じて少しずつ変わってきた。卒の呼称を兵に変えたり、下士官から士官に昇進させるための制度を作ったりして、古い身分制度の残滓は、少しずつ除かれていったのである。

兵科中心であった軍も、時代とともに他の部門の重要性が増え、階級制度の上でも、時代に応じた手直しが行なわれた。陸軍は、昭和十五年に歩、騎、砲、工、航、輜の兵科区分を廃止した。これにより、それまで陸軍砲兵中尉のように兵科を、階級の上でも示していたのをやめて、陸軍中尉に統一するといったような改定も行なわれた。

海軍も、機関将校の階級から機関を除いたときと同じ昭和十七年の改定で、特務士官や予備士官の階級から、特務や予備の文字を除き、すべて海軍大尉のような、共通呼称に改めた。これはみな時代の流れによる改定であった。

戦争があると問題点が浮きぼりにされて、このような改定が促進されるが、なにもないときに改定するのは、非常に時間がかかる。とくに、陸海軍の間の調整は、組織が別であるだけに、容易ではなく、それぞれが、自分の側の必要性を並べたてて、譲ろうとしなかった。

海軍の中尉、中佐の階級を復活したのは、日清戦争後の賞典がからんでのことのようである。大戦中は、必要な士官数をそろえるために、機関将校を兵科将校と同じように扱ったり、予備士官を大切にしたりした。せっぱつまってからでないと合意ができないのは、日本人の一つの特性であろう。

武　　官（明治24年現在陸軍官階表）

勅任	一等	將官	陸軍大將			
勅任	二等	將官	陸軍中將			
勅任	三等	將官	陸軍少將			
奏任	四等	各兵科佐官（上長官）	陸軍憲兵大佐	陸軍歩兵大佐 陸軍屯田歩兵大佐	陸軍騎兵大佐 陸軍屯田騎兵大佐	陸軍砲兵大佐 陸軍屯田砲兵大佐
奏任	五等	各兵科佐官（上長官）	陸軍憲兵中佐	陸軍歩兵中佐 陸軍屯田歩兵中佐	陸軍騎兵中佐 陸軍屯田騎兵中佐	陸軍砲兵中佐 陸軍屯田砲兵中佐
奏任	六等	各兵科佐官（上長官）	陸軍憲兵少佐	陸軍歩兵少佐 陸軍屯田歩兵少佐	陸軍騎兵少佐 陸軍屯田騎兵少佐	陸軍砲兵少佐 陸軍屯田砲兵少佐
奏任	七等	各兵科尉官（士官）	陸軍憲兵大尉	陸軍歩兵大尉 陸軍屯田歩兵大尉	陸軍騎兵大尉 陸軍屯田騎兵大尉	陸軍砲兵大尉 陸軍屯田砲兵大尉
奏任	八等	各兵科尉官（士官）	陸軍憲兵中尉	陸軍歩兵中尉 陸軍屯田歩兵中尉	陸軍騎兵中尉 陸軍屯田騎兵中尉	陸軍砲兵中尉 陸軍屯田砲兵中尉
奏任	九等	各兵科尉官（士官）	陸軍憲兵少尉	陸軍歩兵少尉 陸軍屯田歩兵少尉	陸軍騎兵少尉 陸軍屯田騎兵少尉	陸軍砲兵少尉 陸軍屯田砲兵少尉
判任	一等	准士官				陸軍砲兵上等監護
判任	二等	各兵科下士	陸軍憲兵曹長	陸軍歩兵曹長 陸軍屯田歩兵曹長	陸軍騎兵曹長 陸軍屯田騎兵曹長	陸軍砲兵曹長 陸軍屯田砲兵曹長 陸軍火工曹長 陸軍屯田火工曹長 陸軍砲兵監護
判任	三等	各兵科下士	陸軍憲兵一等軍曹	陸軍歩兵一等軍曹 陸軍屯田歩兵一等軍曹 陸軍歩兵縫工長 陸軍歩兵靴工長	陸軍騎兵一等軍曹 陸軍屯田騎兵一等軍曹 陸軍騎兵蹄鉄工長 陸軍屯田騎兵蹄鉄工長 陸軍騎兵縫工長 陸軍騎兵靴工長	陸軍砲兵一等軍曹 陸軍屯田砲兵一等軍曹 陸軍火工一等軍曹 陸軍屯田火工一等軍曹 陸軍砲兵鞍工長 陸軍屯田砲兵鞍工長 陸軍砲兵銃工長 陸軍屯田砲兵銃工長 陸軍砲兵木工長 陸軍屯田砲兵木工長 陸軍砲兵鍛工長 陸軍屯田砲兵鍛工長 陸軍砲兵鋳工長 陸軍砲兵蹄鉄工長 陸軍屯田砲兵蹄鉄工長
判任	四等	各兵科下士	陸軍憲兵二等軍曹	陸軍歩兵二等軍曹 陸軍屯田歩兵二等軍曹 陸軍歩兵縫工下長 陸軍歩兵靴工下長	陸軍騎兵二等軍曹 陸軍屯田騎兵二等軍曹 陸軍騎兵蹄鉄工下長 陸軍屯田騎兵蹄鐵工下長 陸兵騎兵縫工下長 陸軍騎兵靴工下長	陸軍砲兵二等軍曹 陸軍屯田砲兵二等軍曹 陸軍火工二等軍曹 陸軍屯田火工二等軍曹 陸軍砲兵鞍工下長 陸軍屯田砲兵鞍工下長 陸軍砲兵銃工下長 陸軍屯田砲兵銃工下長 陸軍砲兵木工下長 陸軍屯田砲兵木工下長 陸軍砲兵鍛工下長 陸軍屯田砲兵鍛工下長 陸軍砲兵鋳工下長
（一部省略）		卒	憲兵上等兵	歩兵上等兵 歩兵一等卒 歩兵二等卒	騎兵上等兵 騎兵一等卒 騎兵二等卒	砲兵上等兵 砲兵一等卒 砲兵二等卒 砲兵助卒 工兵上等兵 工兵一等卒 工兵二等卒 輜重兵上等兵 輜重兵一等卒 輜重兵二等卒 輜重輸卒 屯田歩兵上等兵 屯田歩兵一等卒 屯田歩兵二等卒 屯田騎兵上等兵 屯田騎兵一等卒 屯田騎兵二等卒 屯田砲兵上等兵 屯田砲兵一等卒 屯田砲兵二等卒 屯田工兵上等兵 屯田工兵一等卒 屯田工兵二等卒 看護手

陸軍												
			陸軍監督長		陸軍軍医総監							
	陸軍工兵大佐 陸軍屯田工兵大佐	陸軍輜重兵大佐	陸軍一等監督	監督部上長官	陸軍軍医監	衛生部上長官						
	陸軍工兵中佐 陸軍屯田工兵中佐	陸軍輜重兵中佐	陸軍二等監督		陸軍一等軍医正							
	陸軍工兵少佐 陸軍屯田工兵少佐	陸軍輜重兵少佐	陸軍三等監督		陸軍二等軍医正 陸軍薬剤官		陸軍獣医官	獣医部上長官				
	陸軍工兵大尉 陸軍屯田工兵大尉	陸軍輜重兵大尉	陸軍監督補	監督部士官	陸軍一等軍医 陸軍一等薬剤官	衛生部士官	陸軍一等獣医	獣医部士官	陸軍一等軍吏	軍吏部士官		
	陸軍工兵中尉 陸軍屯田工兵中尉	陸軍輜重兵中尉			陸軍二等軍医 陸軍二等薬剤官		陸軍二等獣医		陸軍二等軍吏			
	陸軍工兵少尉 陸軍屯田工兵少尉	陸軍輜重兵少尉			陸軍三等軍医 陸軍三等薬剤官		陸軍三等獣医		陸軍三等軍吏		陸軍一等軍楽長	軍楽部士官
	陸軍工兵上等監護										陸軍二等軍楽長	軍楽部准士官
	陸軍工兵曹長 陸軍屯田工兵曹長 陸軍工兵監護 陸軍砲台看守	陸軍輜重兵曹長			陸軍一等看護長	衛生部下士			陸軍一等書記	軍吏部下士	陸軍軍楽次長	軍楽部下士
陸軍砲兵縫工長 陸軍砲兵靴工長	陸軍工兵一等軍曹 陸軍屯田工兵一等軍曹 陸軍工兵縫工長 陸軍工兵靴工長	陸軍輜重兵一等軍曹 陸軍輜重兵蹄鉄工長 陸軍輜重兵縫工長 陸軍輜重兵靴工長			陸軍二等看護長				陸軍二等書記		陸軍一等軍楽手	
陸軍砲兵蹄鉄工下長 陸軍屯田砲兵蹄鉄工下長 陸軍砲兵縫工下長 陸軍砲兵靴工下長	陸軍工兵二等軍曹 陸軍屯田工兵二等軍曹 陸軍工兵縫工下長 陸軍工兵靴工下長	陸軍輜重兵二等軍曹 陸軍輜重兵蹄鉄工下長 陸軍輜重兵縫工下長 陸軍輜重兵靴工下長			陸軍三等看護長				陸軍三等書記		陸軍二等軍楽手	
楽手補 楽生 一等看守卒 二等看守卒	縫工 靴工	校団生徒隊付属 歩兵一等喇叭卒 歩兵二等喇叭卒 騎兵一等喇叭卒 騎兵二等喇叭卒 砲兵一等喇叭卒 砲兵二等喇叭卒 工兵一等喇叭卒 工兵二等喇叭卒 輜重兵一等喇叭卒 輜重兵二等喇叭卒			兵卒分課ノ名称 火工兵 喇叭手 火工手 鞍工卒 木工卒 鍛工卒 蹄鉄工卒 縫工卒 靴工卒							

海　軍　武　官（明治24年現在海軍官階表）

任	等	官	海軍	機技部		軍医部		主計部	
将任	一等	将官	海軍大将						
	二等		海軍中将						
	三等		海軍少将		機技総監		軍医総監		主計総監
奏任	四等	上長官（佐官）	海軍大佐	機技部上長官	機関大監、大技監	軍医部上長官	軍医監	主計部上長官	主計大監
	五等								
	六等		海軍少佐		機関少監、少技監		軍医少監、薬剤監		主計少監
	七等	士官（尉官）	海軍大尉	機技部士官	大機関士、大技士	軍医部士官	大軍医、大薬剤官	主計部士官	大主計
	八等								
	九等		海軍少尉		少機関士、少技士		少軍医、少薬剤官		少主計
判任	一等	准士官	上等兵曹、軍楽師	機技部准士官	機関師、船匠師	軍医部准士官	上等看護手	主計部准士官	上等主帳
	二等	下士	一等兵曹、一等信号手、一等軍楽手	機技部下士 一等	一等機関手、一等船匠手、一等鍛冶手	軍医部下士 一等	一等看護手	主計部下士 一等	一等主帳
	三等		二等兵曹、二等信号手、二等軍楽手	二等	二等機関手、二等船匠手、二等鍛冶手	二等	二等看護手	二等	二等主帳
	四等		三等兵曹、三等信号手、三等軍楽手	三等	三等機関手、三等船匠手、三等鍛冶手	三等	三等看護手	三等	三等主帳
		卒	一等水兵、二等水兵、三等水兵、四等水兵、五等水兵／一等信号兵、二等信号兵、三等信号兵、四等信号兵、五等信号兵／一等軍楽生、二等軍楽生、三等軍楽生、四等軍楽生、五等軍楽生		一等火夫、二等火夫、三等火夫、四等火夫、五等火夫／一等木工、二等木工、三等木工、四等木工、五等木工／一等鍛冶、二等鍛冶、三等鍛冶、四等鍛冶、五等鍛冶		一等看病夫、二等看病夫、三等看病夫、四等看病夫、五等看病夫		一等厨夫、二等厨夫、三等厨夫、四等厨夫、五等厨夫

第四章　給与制度

軍人に賜わりたる泣き笑い給与談義

官吏減俸と軍人の給与

昭和四（一九二九）年の秋、アメリカ株式市場の暴落にはじまった世界大恐慌は、日本にも大きな影響をおよぼした。不況のため物価は、大正末期に比べて二、三割下ったが、失業者が町にあふれ、農村も多くの借金をかかえ、経済はまったく活気を失った。

現在の十分の一にも満たない少数エリートであった大学生でさえ「大学は出たけど、職はなし」と歌われる状況であり、農家の娘の身売りは、珍しいことではなかった。とくに飢饉の多い東北では、今の金にして十万円かそこらで、身を売る娘があとをたたず、農村出身の兵から実情を聞いた青年将校たちが、五・一五事件や二・二六事件などの革命事件に走る一つのきっかけになっている。

当然のことながら、国の財政は計算上の税収が減っただけではなく、租税納入状況も悪くなり、政府のやりくりも大変であった。浜口内閣は、この危機を切り抜けるための一つの方法として、官吏の俸給を一割減らそうとしていた。しかし、野党と検事の強硬な反対につづいて、与党や軍人の中にも反対を口にするものが出はじめ、ついに減俸の実施は見送られたのである。しかし、経済状況が好転しないかぎり、財源の不足は、節約によっておぎなうほかはない。騒然とした世相の犠牲になってテロに倒れた浜口に代わった若槻内閣は、ふたたび減俸案をもちだしたのであった。

昭和六（一九三一）年、行政整理委員会の調査をへて示された減俸案は、勅任官で一〜二割、判任官で〇・三割であった。

「大臣閣下は、われわれの生活を知っておられるのか。われわれの俸給は、もともと雀の涙ほどです。それをさらに減額するというのは、死ねといわれるのと同じです」

「官吏が、そのようなことを申したてることは許されない。今は不況で、国民みんなが困っているのだ。官吏が率先して、国民に耐乏生活の手本を示すのは、当然ではないか」

「もし減俸が実現するなら、やむをえません。われわれ鉄道従業員は、全員が辞表を提出します」

「そのようなことが、許されるとでも思っているのか。けしからん」

ＪＲの前身である鉄道省に、当時、労働組合があるわけはなかったが、減俸反対の運動は、鉄道省と逓信省の人々が中心になって進められた。今でいう現業省庁の人々である。しかも下級者だけではなく、局長、課長が加わった五千人以上が、東京に集まって、江木鉄道大臣に抗議した。

現業部門のほとんどは、雇員、傭人などと呼ばれる身分の、一時雇いのような人々である。

〔陸海軍給与令表〕（昭和六年六月一日実施）

陸軍俸給

区分		年額（単位円）
大将		六、六〇〇
中将、同相当官		五、八〇〇
少将、同相当官		五、〇〇〇
大佐、同相当官		四、一五〇
中佐、同相当官		三、二二〇
少佐、同相当官		二、三三〇
大尉、同相当官	一等	一、九〇〇
	二等	一、六五〇
	三等	一、四七〇
中尉、同相当官	一等	一、一三〇
	二等	一、〇二〇
少尉、同相当官		八五〇

区分		年額（単位円）
一等楽長	一等	二、一五〇
	二等	一、九〇〇
	三等	一、七五〇
二等楽長	一等	一、五四〇
	二等	一、三九〇
三等楽長	一等	一、二四〇
	二等	一、一三〇
准士官	一等	九六〇
	二等	九〇〇

海軍俸給

士官	年俸（単位円）
大将	六、六〇〇
各科中将	五、八〇〇
各科少将	五、〇〇〇
各科大佐	四、一五〇
各科中佐	三、二二〇
各科少佐	二、三三〇
各科大尉一級	一、九〇〇
同二級	一、六五〇
同三級	一、四七〇
各科中尉一級	一、一三〇
同二級	一、〇二〇
各科少尉	八五〇

特務士官	年俸（単位円）
各科特務大尉一級	二、〇七〇
同二級	一、九一〇
各科特務中尉一級	一、七四〇
同二級	一、六三〇
各科特務少尉一級	一、四七〇
同二級	一、三六〇
候補生	六七〇
准士官一級	一、二二〇
同二級	一、一五〇
同三級	一、〇四三
同四級	九三〇

下士官	月額（単位円）
一等下士官一級	五五・四
同二級	四九・〇
同三級	四一・七
同四級	三四・七
二等下士官一級	二八・九
同二級	二七・四
三等下士官一級	二三・二
同二級	二一・六
一等兵（特別俸）	一七・八
一等兵	一六・〇
二等兵	一三・一
三等兵	一一・六
四等兵	六・二

結局、このような人々と判任官の一部など、月俸にして百円に満たないものの俸給は、減額されないことで、事態はおさまった。退職手当や諸手当も減額されなかった。

　この減俸で政府が得たものは、騒動と不信感だけであり、財政上得たものは少なく、あてはずれに終わった。一度あたえたものをとり戻すことは、このようにむずかしい。

　この減俸によって軍人の俸給も、もちろん減額されたのであり、六月一日減額後の俸給は、前表のようになった。

　当時の物価は、米一升（一・八リットル）が三十五銭、食パン一斤（六百グラム）が十七銭といったところである。また家族構成が平均四人弱のホワイトカラー家庭の平均月収は九十二円であり、男子工場労働者の日給は、平均二円五十銭程度であった。軍人では、中尉ぐらいのところが、ホワイトカラーの平均月収を得ていたといえる。

　当時の物の価額を、現在の価額に換算することは、厳密にはむずかしいのであるが、大ざっぱに一千四百倍してみると、米一升が四百九十円、食パン一斤二百四十円ということになる。同じようにして、ホワイトカラー家庭の月収は十三万円弱、大尉の月収が十九万円強、大将で七十七万円と計算できる。

　軍人の収入には加俸や手当が計算に入っていないが、軍艦乗組員やパイロット、師団長らの高級指揮官以外の将校が得た加俸類は少額であり、右の計算で、軍人の収入の一応の見当がつくであろう。

　公表されている自衛官の月俸と、右のようにして換算してみた軍人の月俸とを比較してみると、相当する階級ではそれほどの差がない。ただし自衛官は、志願制であるために、兵士クラスでははるかに金額が多い。

なおボーナスは、軍人の場合は大正末年から支給されているが、現在のように、年間、何ヵ月分と定められて支給されたものではなく、財源が許す範囲で支給されたものであり、一、二ヵ月分程度が支給されたにすぎなかった。

ホワイトカラー家庭の月収が十三万円弱であったということは、現在と比較すると相当に低い。現在の生活保護家庭以下であるが、工場労働者や、大工などの賃金生活者の収入は、さらにそれ以下であった。軍人の、それも少尉以上の生活は、一般の生活と比較すると、相当に恵まれていたといえるであろう。

〔陸軍下士官・兵月俸額〕(昭和6年現在)

区分		月額(円)
曹長同相当官	一等	三九・〇〇
	二等	三四・五〇
	三等	三〇・〇〇
軍曹同相当官	一等	二二・五〇
	二等	一八・〇〇
	三等	一五・〇〇
	四等	一三・五〇
伍長同相当官	一等	一〇・五〇
	二等	九・〇〇
下士勤務兵		七・〇〇
上等兵級		六・四〇
一、二等兵級		五・五〇
教化兵		二・七五

前表には、陸軍の下士官、兵の俸給が示されていないが、これらはもともと俸給額が低く、減俸の必要がなかったためである。

また海軍とちがって陸軍では、下士官、兵の俸給は、准士官以上とは別に示されていたので、俸給表改定のさい、別扱いになっていたためでもある。その欠落している部分は上表のとおりである。

表の額とは別に、営外居住者には、住居費と食費の意味で、三十円前後の営外加俸がついていた。海軍も同じように、外宿食料という名称で、二十二円余がついていた。陸軍の営内居住者や海軍の艦内居住者には、食事が現物支給されていたので、外で生活をしているものには、その分を金銭で支払ったのである。

徴兵で入営してきた二等兵に支給された五円五十銭は、日用品代と小遣いであったのであり、住居費、被服費、食費が無料であるということを考えると、就職難の当時としては、それほど悪い収入ではなかったといえる。

以上のほか、軍人に毎月支給されるものとして、まず在勤加俸がある。寒暑酷しい土地や外国に勤務する場合に支給されたもので、北海道勤務の場合は、上等兵の二円から中将の三十七円五十銭までが支給された。

つぎに航空機の乗組員には陸海軍ともに、航空加俸の三十～六十円が支給された。海軍の航海加俸も同じような性格のもので、下士官の場合で、日額一円内外になった。このため、空母のパイロットの場合などは、月収が俸給の二倍近くにもなることがあったが、これは特別であり、危険な任務についていた者としては、当然のことであったろう。

このほか管理職手当にあたる隊長加俸が佐官で二十円以内、師団長や艦隊司令長官などの要職にも、相応額がつけられたのである。

陸海軍を比べると、給与体系にやや相違があり、同じ下士官、兵でも、海軍の方が、いくらか収入が多かった。航海加俸などの加俸がつく機会も海軍の方が多かったのである。志願兵中心であり、特殊技術を必要とする場合が多い海軍の方が、優遇されたということであろうか。

昭和六年に定められた俸給は、少尉以上については、終戦まで変わらなかった。しかし、下士官や兵は戦時、五割以上の増俸になった。またそのほかに、戦地増俸（法令上の用語）が俸給相当額以上になり、陸軍二等兵でも、月収二十円（現価二万八千円）以上になったのである。

第一次大戦時の増俸

大正三（一九一四）年にはじまった第一次世界大戦は、日本に好景気をもたらした。日本もドイツに宣戦し、山東半島や南洋や地中海などで、形ばかりの戦闘は行なったが、戦争そのものは対岸の火災であった。おかげで生産工業は活発になり、輸出は、戦前の三倍にも伸びた。法科や理工系の学生は、産業界でひっぱりだこであり、中学校卒業生も将来の就職を考えて、このような方向に進学した。このため陸士、海兵などの軍学校に進むものは、逆に減少した。

ところで、経済界は好景気に沸いていたが、一方では当然のことながら、インフレが進行していた。ベルサイユ条約により、ヨーロッパに平和がもどった大正八（一九一九）年のわが国の物価は、開戦時の二倍半にもなっていたのである。

この間、工場労働者をはじめ、一般の俸給生活者の収入は、物価の上昇とともに上昇したため問題はなかったが、官公吏の俸給は、これに追随しえなかった。明治以来、官公吏の俸給額は、ほとんど動かないのが当然になっていたのであり、現在のように毎年、改定されるという状況ではなかった。

小学校の先生などは、月額五十円に満たない者が大部分であったのであり、体面を保つどころか、食べていくのに苦しんだのであった。体面にかまわず内職で稼ぎ、売るものも売りつくし、家にあるものはボロだけという状況であった。

軍人も同じことで、天皇陛下が聯隊などにおいでになるときは、将校は軍服を新調するのが恒例になっていたが、経済事情が許さず、肩章の新調だけにとどめるという申し合わせを行なったりしている。とくに家族持ちの下士官の生活は、先生なみで苦しかったのである。

大正七（一九一八）年になってようやく、このような状況に対応するために、軍人にも臨時手当が支給されるようになった。ただしその額は、本来の俸給額の二十五パーセントを基準にしたものであり、物価の上昇には追いつかなかった。この手当は、最初は准士官以下に支給されたのであるが、間もなく将官にまで範囲をひろげ、支給額も、中将の本俸三割増に対して、少佐以下は五割増にまで増額された。

大正九年になってからついに、臨時手当分だけ俸給が引き上げられた。同時にインフレはピークを打ち、戦後の収束の時代に入って、物価は戦前の二倍程度に落ち着いた。やがて昭和に入ると、逆に不況の時代に入って物価が低落をし、官吏減俸という事態になったのである。物価と俸給の関係は、大正初期に逆戻りしたといえよう。

ただし将官クラスでは、俸給引き上げのときの上げ幅が小さく、減俸率が大きかったため、大正初期に比べると、実質的に大幅減俸の形になっていた。結局、上下の較差が小さくなってきたのである。

明治の減俸

増俸はともかくとして、減俸には抵抗がつきまとう。軍人の減俸は明治時代にもあったのであって、このときにも一騒動あった。

新しい国軍の実力が試された西南戦争は、新国軍の勝利のうちに終わった。翌明治十一（一八七八）年の八月二十三日午後十一時、宮城守衛の任にあたる皇居竹橋の近衛砲兵隊で、暴動が起こった。大隊長宇都宮少佐と週番士官の深沢大尉は殺害され、ほとんど全隊の兵卒が隊伍を組んで、天皇に直訴するために押し出したのであった。西南戦争の恩賞がまだであったのに加えて、五月に減俸があったことに、不満をもったためである。

当時、近衛兵は、一般の兵より二割ほど高い俸給を得ていた。それが伍長、兵卒で約五パーセント、曹長、軍曹で約十パーセントの減俸になったのである。その結果、収入は前者が月額二円前後、後者が八円前後になった。散髪代が八銭、酒一升（一・八リットル）が十銭の時代の話である。

食事は無料支給であり、営外居住の下士、卒には、食事代として月六円前後が支給されていたので、農民が日傭作業に出ても、二十銭にしかならなかった時代としては、悪い俸給ではなかった。

近衛砲兵の暴動は、出動した他の部隊の手で、ただちに制圧されたが、政府に大きな衝撃をあたえた。将校十三名、下士四十六名、兵卒三百三十五名が処罰され、うち五十五名は死刑であったというところに、衝撃の大きさが現われている。

それはともかくとして、暴動があったからといって、とくに俸給がよくなるものでもなく、この時代に定められた俸給と給与体系が、原則的には大きく変わることなく、昭和二十年にいたったのである。ただし全体の中で、相対的に個々の俸給額の価値は、つぎのように変動している。

明治十年代の大将の年俸は四千八百円であるが、このころと昭和六年ごろを比較すると、米の価格が約四倍、職人の賃金も四倍程度に上昇している。それにもかかわらず昭和六年の大将の年俸は六千六百円であって、一・四倍弱にしかなっていない。

一方、徴兵された兵卒の昭和六年の月収は五円五十銭で、三倍近くになってはいるが、物価や一般の賃金の上昇には追いつかなかった。その他の佐尉官や下士官の俸給額の上昇は、両者の中間ていどとみてよい。

明治から昭和にかけて、上級の軍人と兵卒との相対的な俸給額の差が小さくなるとともに、一般の所得と比較した場合に優越していた軍人の俸給額は、しだいに一般と変わらなくなっていった。

軍人の俸給が比較的恵まれていた明治時代には、文武判任官以上、つまり下士以上が、俸給の一割を、軍艦建造のために献納したこともあった。

明治二十三（一八九〇）年十一月二十九日に、初めて帝国議会が開設召集されたが、おりから軍備拡張中であった海軍の予算が問題にされ、軍艦製造費が削除された。翌年も翌々年も同じことの繰り返しで、日清戦争が近いころのことであり、政府は焦りを生じていた。

明治二十六年二月になって、ついに明治天皇から、「国防のことは当面の急務であり、議論している場合ではない。製艦費の不足は、内廷費から毎年三十万円を六年間下付し、文武官からも同じ期間、俸給の一割をさしださせて、おぎなうことにしよう」という意味の、詔勅が下された。

これによって、予算案に軍艦製造費が加えられ、戦艦の「富士」「八島」など、四艦を建造することになったが、日清戦争には間に合わなかった。「八島」は後日、日露戦争の旅順港の封鎖行動中に「初瀬」とともに触雷沈没し、艦隊首脳部に衝撃をあたえている。

給与制度のはじまり

明治元（一八六八）年一月十七日、海陸軍務総督が置かれて、王政復古後の朝廷の軍の建設がはじまった。そうはいっても最初の御親兵は、諸藩士や十津川郷士からなる、間に合わせのものであり、武装や服装などの外見がマチマチであっただけではなく、その他の制度も一定していなかった。とくに会計の面では、問題が大きかったのである。

明治元年閏四月に定められた陸軍編制法では、全国諸藩は、一万石につき年間三百両を軍資金として、さしだすことになっていた。召集諸藩兵に支給する俸給の財源が、朝廷にはなかったためである。当時の官制に、のちの大将にあたる一等陸（海）軍将があったが、この月給が八百両ということから考えると、諸藩の差出軍資金は、それほど大きい額ではなかった。

同年八月には、官員の月給制が官祿制に改められ、現米が支給されることになったが、一等陸軍将は千二百石を得ている。これは、江戸時代の四公六民の石高制で計算すると、三千石ということになるのであって、徳川幕府の町奉行の格式と同じである。もっとも幕府時代は、五十石につき一名ていどの計算で、軍役兵員をさしだすことになっていたので、その点では、一等将の方が気楽であった。

官等に応ずる禄高は表のとおりである。明治三年九月には、軍に佐尉官が設置されたが、少尉が十三等、五十石にあたることになる。この五十石は、一石を四・五万円で計算して、現在の金額に直してみると、年収二百二十五万円ということになる。また禄高五十石を、江戸時代の石高に直すと、百二十五石ということになる。一万石の大名の家老の石高は、通常百石前後であったのであり、それに比べて少尉の石高は、悪くはなかったのである。

この時期は明治四（一八七一）年七月の廃藩置県の前であって、版籍奉還後の旧大名が、知藩事として旧領を治めていた。知藩事の家禄は、藩高の十分の一に定められていたのであるが、その格は四～六等であり、官禄表上は、五百石前後を支給される少将、中将ていどの扱いになっていたのである。新しい軍人の格は、このような旧大名との比較からみても、比較的高かったのであり、西郷隆盛や山県有朋が、旧藩主以上の格に昇ったために恐縮したという話も、ありうることである。

等外官の官禄が十石、または七石というのは、江戸時代の足軽の給与に相当する。兵卒は等外官に相当したのであるが、足軽なみのものとして考えられていたことの、一つの証明になる。

この官禄制は、廃藩置県後にふたたび、両を単位にした月給制に改められ、まもなく貨幣の単位が円になったため、円で示されるようになった。

両で示された月給は、少尉で二十両であったが、規則上は、年俸二百四十両（一両は一円）として示されている。少尉以上の年俸に対して、下士官（当時は下等士官といった）以下は日給で示されていた。曹長で、日給二百五十文である。一千文が一両であるので、年額に直すと九十両になる。下士官以下には、別に食費が、毎月五両支給されたので、これを合わせて年額合計、百五十両になったのである。

年俸で示されたものも日給で示されたものも、実際の支給は、毎月末にまとめて行なわれている。その後、両から円に変わった時期に、全部が日給で示されたこともあるが、最終的には、准士官以上が年俸で示され、下士官が月給制、兵卒が日給制になった。これは軍人だけではなく、文官も同じであって、奏任官以上は年俸、判任官は月給、雇員傭人が日給というのが原則であった。

以上の制度を江戸時代の身分にあてはめて考えてみると、奏任官以上が石取りの士、判任官が、俵取り（現米支給）の下級武士、雇員傭人や兵卒が、三両二人扶持というような形で給金と食料が支給されていた中間などの奉公人にあたるものと、考えることができる。

江戸時代に扶持米という名称で食料を支給されていたのは、足軽以下に多い。基準は、一

〔官禄表〕（明治二年八月）

一等	現米千二百石
二等	千石
三等	七百石
四等	六百石
五等	五百石
六等	四百二十石
七等	三百四十石
八等	二百七十石
九等	二百石
十等	百三十石
十一等	八十五石
十二等	六十七石
十三等	五十石
十四等	三十三石
十五等	二十六石
十六等	一等 二十石 二等 十五石 三等 十二石
等外	十石 七石

一出仕ハ勅奏判各共最下等ノ禄ヲ給ス
一準官ハ本官四分ノ三心得勤ハ三分ノ二試補ハ半数ヲ給ス
一使部仕丁ハ十六等ノ二等禄ヲ給ス

人一日五合（〇・九リットル）であって、年間一石八斗ということになる。

兵卒に食事を支給していたのは、日本のお手本であったドイツやイギリスの軍隊がそうであったのであり、日本もその影響を受けて、食事を支給する制度をとったのであろうが、幕政時代に扶持米の習慣があったことが、下士官以下に食事を支給することを制度化するのを容易にしたであろうと考えられる。

加俸と手当

東京の赤坂に、乃木大将の邸宅が残っている。建設当時としてはハイカラであったであろう本邸の横に目立つのは、大きな馬小屋である。小屋には、馬丁が起居する室も付属している。日露戦争の旅順開城のときに、露将ステッセルが乃木に贈った白馬「寿」と、栗毛「紫」は、ここにつながれていたのである。

当時の軍人は、現在のわれわれが自家用車を持っているのと同じで、自宅に馬を飼っていた。当時の陸軍給与令には、「士官以上乗馬本分ニシテ馬匹ヲ飼養スル者ニハ馬飼料ヲ給ス」とある。馬飼料は、月当たり、正馬十二円、副馬六円であった。

馬飼料は明治の初めから支給されていたのであって、行軍のときはそのほかに、馬丁などの費用として、馬牽料というのが支給されている。その後、乗馬を本務とする騎兵や、馬上の士に相当するものと考えられていた将校が、初めてその職につくときには、馬装手当が支給されるようにもなった。しかし、その後の軍縮時代を通じてしだいに整理され、個人が馬を飼うことはなくなったのである。

昭和時代になってからの軍人の給与は、俸給と手当、および加俸に大別できる。右の馬飼料のように、継続して支給されるものは加俸であり、馬装手当のように、一時的に支給されるものは手当であると思ってよい。もっとも、陸士や海兵などの生徒に毎月支給されることになっていたものは、手当と呼ばれたが、これはあくまで、勤務に対する対価として支払われる俸給とは性質がちがったので、手当と呼ばれたのである。

加俸の主なものとしては、北海道、朝鮮、台湾など特別な勤務地で支給される在勤加俸、陸軍の営外居住下士官らのための営外加俸、海軍の航海加俸や潜水艦加俸、空中勤務者の航空加俸などがあったことは、前にのべた。

手当としては、初めて准士官以上に任用されたときに、軍装をととのえるために支給された軍装手当（服装手当、武装手当）や、退職金にあたる離現役手当などがある。離現役手当は、海軍の下士官、兵が、死亡、公傷により現役を離れたときや、志願により服務したものが現役を離れたときに支給されたものである。陸軍では死亡賜金とか退営賜金と呼ばれたものであるが、やや区分や内容がちがっていた。

前大戦中に戦死した一等水兵の場合で死亡による手当が百六十五円、そのほか二十円に現役服務年数を乗じた額が支給されている。同じ戦死でも、少尉には、死亡賜金が四百三十四円、大将には二千二百円が支給されることになっており、俸給額の差と同じような比率で階級による差がつけられていたのである。なお葬祭料は別に、兵で三十七円五十銭、将官で百五円が支給されている。

下士官、兵に、食事とならんで被服が支給されていたのは、陸海軍共通であり、准士官以上は、自弁であった。その代わりに、准士官以上には、最初の任官時に軍装手当が支給されたのである。この手当は、名称や内容が時代と陸海軍の別で、いくらかちがっているが、一応の軍装をととのえられるていどの手当が、支給されたのである。

昭和十年前後、少尉に任官する候補生に支給されたこの手当は、三百五十円ほどである。軍服一着が四十円という時代であり、それも、最低、夏冬一着ずつと外套、帽子などもそろえなければならず、そのほかに軍刀や拳銃までということになると、多い金額であるとはいえなかった。

なお当時の兵の被服費は、年間、四十円足らずであり、食費が月に約十五円である。陸軍一等兵の月額五円五十銭の俸給に、これらの費用を加えると、月額約二十四円になる。当時の工員の賃金は、一日一円から三円程度であったのであり、兵の給与が、一般に比べて極端に悪かったわけではない。住居費まで計算すると、工員の最低程度の給与を受けていたといえるであろう。

陸士や海兵の生徒が手当を受けていたことは、前に述べたが、その月額は、生徒の種類や時代によってちがう。しかし、概していえば、陸軍二等兵の俸給よりは、やや少ない額であって、大正から昭和にかけて、四円から六円ていどのものであった。

大正末期に海兵生徒の一ヵ月当たりの小遣いを調べた資料によると、小遣額は六円前後になっている。当然、手当だけでは不足する生徒もいたわけである。もっとも手当は自動的に貯金に積み立てられ、夏冬の休暇の前に一括して払い出すことになっていたため、毎月の必要費は、自宅からの送金でまかなうのが、普通であった。

幼年学校の生徒は、士官学校の生徒とはちがって、手当を受けていない。幼年学校は、将校になるためにかならず通らなければならない関門ではなく、限定された者に、中学校なみの教育をほどこす場所であったからである。生徒の身分は、軍人ではなく、軍人に適用された諸規則の適用外になっていた。このため、手当が支給されるどころか、逆に月謝に当たるものを納金していたのであった。

生徒の中には、せっかく入学したものの、月に十円ばかりの納金に困って、退学しなければならないものもあったのである。学校当局は「幼年学校は、貧民救済を行なっているわけではない」と明言しており、他の軍学校とはややちがって、貴族学校的な面を持っていたのである。もっとも軍人の子弟、とくに戦死者の子弟には、納金免除などの優遇策をとっていたのであり、軍人の子弟に対してだけは、救済的な面をもっていた。

父親が警察署長であった石原莞爾中将なども、学資が楽ではなかった組であり、仙台地方幼年学校時代に、出身の山形県の育英会費を受けている。

旅費

給与の一種に旅費がある。旅費は、公務出張や転勤のさいなどに、身分相応額が支給されたのである。支給基準は、軍人だけではなく、各省の官吏に共通のものとして定められている。

かつての国鉄は、一等車から三等車までを区別し、一等は三等の約三倍、二等は約二倍の運賃をとっていた。急行や特急の料金も、同じような倍率になっているので、遠距離を旅行する場合の金額の差は、大きなものになる。一等車の待遇は、現在の特急グリーン車、二等車が普通車の指定席、三等車がローカルの鈍行列車なみであると考えてよいであろう。

現在のように全体の生活水準が高くなった時代とはちがい、庶民のほとんどは、二等車以上には無縁の時代であった。そのような時代に、判任官である下士官には、二等の運賃が支給され、奏任官以上、つまり尉官以上には、一等運賃が支給されたのである。もっとも一等車は、近距離列車には連接されていなかったので、その場合は二等車に格下げになった。

陸士、海兵の生徒をはじめ、とくに将校は、私用で旅行する場合にも相応の列車を利用して、品位を保持するように要求されていたので、自然、出費がかさんだ。もっとも、運賃の軍人割引の制度があったので、その点はうまくできていた。

鉄道賃に身分上の較差があったように、宿泊料や旅行中の食事などのために支給される食卓料や日当にも、身分上の較差があった。大戦中の基準でみると、下士官の宿泊料が一泊十円であるのに対して、大将が二十八円になっている。上級旅館に泊まるか、高級のホテルに泊まるかの差があったのである。

昭和十年ごろの帝国ホテルの特別室が、食事付で一泊六十円であるが、同じ帝国ホテルでも十二円で泊まることもできたのであり、温泉地の高級旅館なら十円でお釣りがきたのである。現在の公務員にも、このような身分による較差があるが、上下の金額の差は、それほど大きくはないようであり、また高級ホテルに泊まることはむずかしいようである。

明治五（一八七二）年に改正された旅費定則をみると、「旅行ハ一日十里詰メト定メ」となっており、一日四十キロを行くものとして計算されていたことがわかる。これが前大戦中になると、一日に鉄道で四百キロ、その他の陸路で、五十キロを行くように計算されている。交通機関の発達により、それだけ旅行がスピードアップされたのである。

現在では、新幹線や航空機を使うことによって、四百キロという距離は、時間で計算される近距離になっている。百年の間に、日本はずいぶん、狭くなったものである。

軍人給与の他との比較

軍人の給与は、一般の収入に比べて悪くはなかったことに何度か言及したが、文官と比較した場合は、同じ年齢学歴で比べると、軍人の方が悪かった。とくに判任官である下士官の給与は、判任文官と比較して、明らかに悪かった。

昭和六（一九三一）年の改定後の給与月額を比較してみる。陸軍曹長の場合で、営外加俸を加えて六十円から六十七円になったのに対して、身分上、曹長に相応する判任官二等では、八十五円から百十五円の月額を得ている。小さな警察署の署長が、この程度の格と収入を得ていたのである。

軍人の給与を諸外国の軍人のものと比較すると、それほど悪くはない。昭和七年ごろ、佐官クラスの給与を米国と比べると、さすがに四分の一ていどであるが、ドイツと比べると七割、イタリアよりはいくらか多くなっている。当時、一人当たりの国民所得は、米国の六分の一、ドイツの三分の一強、イタリアの八割であったのであり、日本の軍人の給与は、佐官だけにかぎらず総体に、国民所得に相応する金額よりも多かったのである。

このことは同時に、文官の給与も比較的よかったことを意味するが、やはり、天皇陛下の臣下であった文武官は、第一次大戦中のような例外を除いては、一般的に給与面で恵まれていたということであろう。

給与制度は複雑であり、限られた紙面で全部を説明することはできない。ここでは説明しなかった恩給も、給与の一種である。恩給は、軍人の方が文官よりも恵まれていたのであるが、それでは給与全体としてみた場合、軍人と文官のどちらが恵まれていたかというと、何ともいえない。体系が相違するので、簡単に比較できない点があるからである。

陸軍と海軍の間でも、給与体系はもちろん、用語の相違があり、単純には比較できない。ここでは、共通面をとらえて、概略を比較的に述べてみたのである。

「武士は食わねど高楊子」というが、やはり軍人も食べなければならず、俸給の減額には抵抗した。世の中の景気がよい時代には、陸軍士官学校や海軍兵学校に入学を希望するものが減っている。また徴兵は、極端に安上がりの軍隊をつくるものではなく、待遇のよい志願兵の方が、人材は集まりやすい。金銭や地位についての人間の欲望は、軍隊社会でも一般社会でも変わりはなかった。

第五章　服制

営門をくぐった将兵たちの制服帳

ややこしい服装用語

日露戦争のときの将校の写真を見ると、服装がマチマチなのに、気がつく。動員が急であったので、服装がそろわなかったということもあるが、戦争中に新しく、カーキ色の軍衣が用いられはじめたためでもある。当時イギリスやアメリカでは、迷彩としてのカーキ色を軍衣に使用しはじめていたが、これを日本でも採用したのである。高梁《こうりゃん》の多い満州平原での戦闘では、このカーキ色が、ロシアの狙撃手の目をくらますのに、役立ったようである。

当時、旅順を守っていたロシア兵の一人が、「ロシア兵は白服であるので、灰緑色の地面から浮きあがってみえるが、日本兵は保護色のせいで、移動するときにわかるだけだ」と、いっている。

カーキ色の軍衣が制式化されたのは、戦争が終わった翌年の、明治三十九（一九〇六）年のことである。それまでは臨時のものであったため、ポケットの形や着用法が統一されていなかった。それまでの黒い肋骨式の軍衣と、上下混用するものもあった。制式化されたのちも、色合いにはいくらかの変化があったが、陸軍といえばカーキ色を思い出すぐらいに、なじまれた色になった。

海軍の服装は、日本海海戦のときも昭和十（一九三五）年ごろも、あまり変わっていないように見える。ポケット、ボタン、階級章など細かい点は別にして、軍服と礼服については、明治二十（一八八七）年制定のものが、基本になっている。

ところで軍服、正服、礼服、軍装、正装、礼装など、服制については、まぎらわしい用語が多い。陸海軍でちがううえに、時代によっても使い方がちがう。簡単にいうと、服は文字どおり上衣とズボン（軍衣と軍袴）であって、装という場合は、それに帽子、靴、刀などを着けた状態をいうのが普通である。

この場合、礼装であるからといって、礼帽、礼服（鳥の羽根の前立てをつけた陸軍帽や、仁丹式と通称される海軍の三角形の帽子と、金筋の入った服）を着けた状態だけをいうのではなく、普通に軍服と呼ばれたもののうち、みかけのよいものを着けた状態を礼装という場合もある。

日華事変開始までは、候補生、生徒、下士官だけが、軍服を礼装として着ていた。その後はそれが将校にまで拡大され「通常礼装に代わる服装」というような表現がされている。礼服をつける礼装は、正装、礼装、通常礼装に区分されるが、戦地では礼服の礼装をすべきときにも、それが不可能なことが多いので、軍服を通常礼装とみなしたわけである。

昭和に入ってからの陸軍下士官兵の服装は、一装、二装、三装に区分されていたが、一装が礼装にあたる。二装が外出用、三装が戦場や訓練中の服装であるが、前述のようにみかけのよい服が一装用に使われる。

海軍には、一種軍服、二種軍服の区別があるが、一種が冬服、二種が夏の白服と思ってよい。陸軍でも明治の初期には、一種、二種の区別をしている。しかし、カーキ色の軍服になってからは、服地は違っても、形式色合いは、夏と冬で大きくはちがわず、その区別をしていない。しかし、前大戦中には、熱帯の暑さをしのぐため、開襟型の軍服をあわてて作っている。

制服とは一般の学生服などをさしたり、警察官や軍人の服を総称的にいったりすることばであるが、別に正服、正帽という用語がある。これは礼服、礼帽をさすのであって、もともとは、将校の宮中での正式の服が、礼服、礼帽であり、軍服は戦闘用であったところから来た用語であろう。

正装というのは、この正服、正帽を着けて盛装した場合だと思えばよい。規則にしたがって着用品のていどを落とした場合、たとえば礼帽の代わりに軍帽をかぶったような場合が、正装よりはていどが低い礼装や通常礼装になる。

戦争が進むにつれて正装をする機会はしだいに失われ、任官時に礼服を新調する者は、珍しくなった。昭和十四（一九三九）年に陸士を卒業し、香港攻略で武名をあげて軍神と呼ばれた若林東一中尉は、さすがに礼服姿の写真を残している。

実戦的軍装

戦争が進むと、服装はみかけよりも実用性の方が、重視されるようになる。かつて源平合戦の時代に使われていた大鎧《おおよろい》は、緋縅《ひおどし》、小桜縅《こざくらおどし》など、華やかな糸で小札《こざね》を綴り、鍬形《くわがた》をのせた美々しい兜《かぶと》との組み合わせで、武将を飾った。そのころ下級武士が使っていた胴丸などは、見かけは大鎧に比べて劣るが、簡便で実用性があった。このような胴丸やその変形である具足が、つぎの時代には、大将の鎧に昇格している。

簡便で実用性のあるものが、美々しい外観のものにとって代わるのは、服装史の常である。日華事変以後、通常礼装が正装にとって代わり、さらに「通常礼装に代わる服装」の軍服で代用するようになったことは、さきに述べたとおりであるが、その軍服は、略服にとって代わられた。戦闘帽と呼ばれる昭和七（一九三二）年制定の陸軍の略帽は、鉄帽の下に着用できる便利さもあって、多用されている。

陸軍は、昭和十三（一九三八）年に日華事変の教訓を取り入れた服装改定を行なっている。このとき下士官以下は、儀式など特別の場合以外は、略帽をかぶることになった。将校も、将官と官衙学校勤務者を除き、略帽をかぶることになっている。この略帽は海軍にも波及し、昭和十二年に制式が定められて、南方作戦開始以後は、とくに多用されている。

昭和十三（一九三八）年の陸軍軍服は、それまでの詰襟が窮屈で暑苦しかったのを改めて、折襟にして行軍などの場合にはホックをはずし、開襟形式でも使用できるようにした。このさい、階級章を肩章形式から襟章形式に改めている。

下士官兵の軍服は官給である。そこで襟章は、縫いつけやすくするため、左右同型で大量生産型の長方形にした。これなら右につけるか左につけるか、迷わずにすむわけである。しかし、将校の軍服は私物品であり、自分で調製するので、階級章のみかけをよくするために、

〔識　別　色〕

陸軍

区分	兵種	色	備考
兵科	憲兵	黒	兵科色は昭和15年廃止
兵科	歩兵	緋	
兵科	騎兵	萌黄	
兵科	砲兵	黄	
兵科	工兵	鳶	
兵科	航空兵	淡紺青	
兵科	輜重兵	藍	
各部	経理部	銀茶	
各部	衛生部	深緑	
各部	獣医部	紫	
各部	法務部	白	昭和16年制定
各部	技術部	黄	昭和15年制定
各部	軍楽部	紺青	

海軍

区分	兵種	色	備考
戦闘	兵科	なし	下士官兵昭和17年黄
戦闘	飛行科	青	
整備	機関科	紫	機関将校およびその他の特務士官は、昭和17年、兵科扱い
整備	工作科	紫	
整備	整備科	緑	
各科	主計科	白	
各科	軍医科	赤	
各科	歯科医科	赤	昭和17年制定
各科	薬剤科	赤	
各科	看護科	赤	
各科	法務科	萌黄	
各科	造船科	鳶	
各科	造機科	鳶	昭和17年技術科として合併
各科	造兵科	蝦茶	
各科	水路科	水	
各科	軍楽科	藍	

平行四辺形にしている。

兵科の階級章の星の色が、金色から銀色に変わったのも、このときである。それまでは、各部将校のみが銀色であった。海軍は大正三（一九一四）年に士官の一種軍装の階級章として襟章を着用するように改め、銀色の桜章をつけていたので、陸軍が海軍並みになったわけである。

陸軍将校の階級章はその後、階級の見分けがむずかしいためか、昭和十八（一九四三）年に大型化した。ただし将官、佐官、尉官で、大きさにちがいがある。このとき、星の位置を海軍と同じように、一つか二つのときは、からだの中心線に近い方に寄せてつけるようになった。

なお兵科以外は、襟章に線を入れて部科を標示した。識別色は、表のとおりであり、陸軍は詰襟時代は、下士官兵まで襟の前部にこの色を標示し、その後は〈〈型の胸章を右ポケット上部に標示していた。

しかし、昭和十五（一九四〇）年に、陸軍の歩騎砲工輜航といった兵科区分を廃止して兵科を一本化したときから、兵科以外の各部だけが胸章標示をするようになり、昭和十八年の改正で、標示を襟章下部に移したのである。

海軍下士官兵の各科区別は、袖の階級章の形で見わけることができたが、それも昭和十七年の階級章改定時に、桜の色別で見わけるように改められた。

日本式軍刀

軍装の一部であり、陸上戦闘に必要な軍刀にも、変遷があった。

明治三年に日本の軍制を、陸軍はフランス式、海軍はイギリス式と布告して外国から軍事教官を招いたとき、フランスからサーベルの教官もやってきた。このとき日本式の剣術で立ち会ってみて、フランス教官のあまりの弱さに驚き、以後、剣術は、日本式になったという話がある。それにもかかわらず、陸軍が使っていた軍刀は、サーベルであった。

サーベルはもともと、片手で使うものであり、騎兵の場合はよいが、歩兵には不適当である。西南戦争のときに、西郷軍が示現流の剣法で斬り込んできたのに対して、サーベルの官軍は不利であった。日露戦争のときにも欠点が明らかになってはいたが、制式が改正されることはなく、柄を長目にして、日本刀をしこむ程度の改良にとどまっていた。

しかし、ようやく昭和十三（一九三八）年になってから、太刀型式の軍刀の制式を定めた。日華事変に応召した多数の幹部候補生出身者のために、昭和刀と呼んだ工業製品の軍刀を、大量生産させることまでしたのである。

海軍も長い間、短剣または洋式の長剣を使っていたが、上海事変などで陸戦隊の経験を積むにしたがって、日本刀の必要性を感じだしていた。このため陸軍よりも早い昭和十二年に、太刀型式の軍刀の制式を定め、戦場で使用している。

映画などで、海軍特攻隊のパイロットが、軍刀を持って航空機に乗り込むシーンを見ることがあるが、服制上は、軍刀の定めがあったのである。しかし、不時着の用意にしては長大すぎる武器であり、磁気コンパスにも影響する可能性があるので、その意味では感心しない。

刀についてもう少し書いてみよう。戦争中にニッケルが貴重資源に指定されたが、ニッケルは、刀装のメッキによく使用されていた。

昭和十五年八月の陸軍通牒によると、「指揮刀、刀帯の鉤鎖及び拍車のメッキは、今後クロムメッキを使用することになった」と通知されている。昭和十五年の日華事変の段階で、軍用品のわずかのメッキ用ニッケルまで節約しなければならなかった資源小国日本の状況が、わかるであろう。

ところで、「刀のねた刃を合わせる」という言葉を知っているであろうか。ねた刃は寝刃であって、切れ味が鈍くなった刀のことをいう。陸軍でも、動員令が出されたときは、ねた刃を合わせる作業をした。「刀剣付刃及減刃規程」というのがあって、平時の訓練に用いるサーベルや銃剣は、あぶなくないように、刃を落としてあった。出動のときは、これをやすりで研ぐのである。根元の方は研がずに、そのままにした。研いで白光りしている刀身は、光を反射して敵に発見されやすい。そこで戦場では、高粱《こうりゃん》の葉を巻きつけて反射を防ぐなどの工夫をしている。

「腰の短剣、だてには差さぬよ、魔除け蟲除けよ、女寄せよ」と歌われた海軍士官の短剣、帆船時代にはロープ切断用としてなくてはならない道具であったが、帝国海軍では、女性への未練を断ち切る道具になったのかどうかは知らない。

洋式服制史

ところで軍隊の制服のはじまりは、いつであろうか。明治四（一八七一）年七月に廃藩置県がおこなわれるまでは、天皇のもとに版籍を奉還していたとはいえ、旧藩主の知藩事のもとで、武士は健在であった。各藩の軍制はまちまちであり、それを統一するために、明治三年に「陸軍はフランス式、海軍はイギリス式」という布告が、だされたのである。しかし、一片の布告だけで統一できるわけではなく、まず天皇直率の御親兵から、服制の統一がはじまっている。

明治四年三月の兵部省の達しに、「艦船乗組員の服制を定め、支給したので、上陸のときはかならずこれを着なさい」というものがある。また翌月、第二聯隊に対して、「兵部省に出頭するさいに、羽織、袴で出頭した者があるが、けしからん」といった趣旨の注意がだされている。

このように統一がはじまったとはいえ、徹底するのは、なかなかむずかしかったようである。なお下士官兵には、衣類、糧食を現物支給するという制度は、このときにはじまっている。

明治六（一八七三）年に徴兵制度がはじまってからは、服制もようやく徹底し、陸軍将校の正装は、ダブルのボタンつき、袖に金の渦巻き形階級章をつけたものに、また軍装は肋骨式のものになった。フランス式の頭頂部のある正帽の頂には、階級に応じて星型のマークをいくつかつけたが、これはフランス式だからという説と、陰陽道の魔除けの星章だという説がある。このとき略帽として制定されたものが、のちの軍帽のように上部が丸く大きい形のものであった。

海軍の将官大礼帽は、後年のような、三角形のいわゆる仁丹帽が用いられはじめており、士官と一、二等下士の常服は、ダブルの蝶ネクタイのものであった。常帽は後年のものとはちがって、頂部の大きくない丸帽、いわゆるアンパン帽子である。

三等下士以下の礼服は、一等下士の常服に似たダブルのボタンつきであるが、常服はセーラー服である。ここで常服といったのは、平常服、のちの軍服のことである。なお明治十一(一八七八)年まであった海兵(マリン)の服制も定められていた。

つぎに帽章について述べておこう。陸軍の最初のものは旭日章であり、菊花紋のような感じのものであったが、明治十三(一八八〇)年に、外側の光の線の部分を、長中短の三種類の組み合わせにして、勲章の旭日章のような感じのものにした。ただこれらは、正帽のものであって、軍帽式の略帽の前面には、星章をつけている。正帽、つまり礼帽に旭日章をつけ、軍帽に星章をつけることは、その後も変わっていない。旭日章は、在外文官や警察官の帽章にも用いられている。

海軍の帽章は「桜に錨」であって、これは最初から、ほとんど変わっていない。明治十五年末に、これを変えようとしたことはあった。理由は、イギリスをはじめ西欧では、帽章には王室の紋をつけているので、日本もそうすべきだというのである。

桜にかえて菊花を使用したいという上申が、海軍卿から太政大臣になされているが、これは拒否された。小銃や軍艦にも菊花紋をつけているので、菊花の使用そのものが問題であったのではなく、個人の身体に菊花を装着することを、嫌ったのであろう。

日露戦争後から、近衛兵の軍帽の帽章は、星章と桜花の組み合わせになっているが、桜花そのものは、宮殿に「左近の桜、右近の橘」として植えられている格の高い植物であり、海軍の帽章として不適当というものではなかった。海軍は、明治十九年から三十年まで、イギリス式に中佐、中尉の階級を廃止したことがあるが、この帽章の件なども、イギリスの模倣が過ぎたというべきであろうか。

兵種職掌の標示

兵科等の識別色については先述したが、これのはじまりは、御親兵時代である。当時の歩兵は、紺色の服に赤の帽子をかぶった。砲兵は上衣と帽子が同じ紺色で、ズボンが赤である。明治八（一八七五）年の服制改正のときに、兵科の区別は、襟と袖口に識別色を用いておこなうようにかえられた。服地は帽子もふくめて、黒または紺色である。ただし近衛兵は、帽子の鉢巻き部分に赤を用いている。

西南戦争のとき、「官軍に近衛の赤と大砲がなけりゃ、花のお江戸におどり込む」と西郷軍を怖れさせたという精鋭の近衛歩兵の赤帽が、日露戦争後改正の、緋色の鉢巻きをした軍帽に似ているのは、意識的にであったろうか。

前述したように、初期の正帽には、頂部に星章をつけていたのであるが、この色は、兵科の金色に対して、各部は銀色であった。明治十九（一八八六）年に、礼服にドイツ式の肩章をつけるように定められたとき、各部将校相当官の肩章は、金だけではなく銀を入れた台座にして、兵科と区別している。

海軍の将校相当官の服装は、明治八年に定められた服制では、袖口の階級を示す金筋のところに識別色を入れることで兵科と区別をつけている。色別はのちのものとはややちがっているが、明治四年の服制に淵源を求めることができる。

参謀飾緒《しょくしょ》は、権威の象徴のように見られた時代があり、とくに陸軍にその傾向が強い。これはもともとは、ナポレオンの書記が、命令を筆記するための鉛筆を結んでいた紐に由来する。明治八年の陸軍式官服制では、参謀と伝令が使用するようになっていた。

このような飾緒は、号令と信号で動く海軍には縁遠いものであったが、明治二十一（一八八八）年に参軍の制度ができ、その下に陸軍参謀本部と並んで海軍参謀本部が置かれるにおよんで、海軍でも参謀を明示する必要性が生じた。

参謀養成に関係が深い海軍大学校が設立されたのもこの年である。伝令使の飾緒がその前年に定められていたので、海軍参謀の飾諸は、それと同じものを使用するように定められ、海軍参謀本部の体裁はととのったのである。

飾緒は威厳を増すために適当であったのか、つづいて陸海軍将官の礼服にも装着されるようになった。また前大戦中は、陸、海軍省や陸大などに所属しながら、大本営参謀を兼務する者が増えたため、飾緒をつけた将校の数も増えている。

勲章記章

最後に、装着することによって服装の一部になる勲章記章について、簡単にふれておこう。東條英機首相の軍服の写真は、左胸に大型の旭日章一つを帯びた姿のものが多い。これは、「勲章佩用式」という勲章装着要領についての勅令を根拠にしているもので、細部の装着要領は、陸軍部内で定めたものによっている。

昭和十七（一九四二）年に定められたその要領によると、軍装を着用し勲章を装着する必要がある場合には、「勲一等以上のものは、その副章一個を佩用」するようになっている。勲一等の副章は、形式は勲二等の正章と同じものであり、左胸に装着するものであるので、東條首相の写真のようになるのである。

わが国の軍人が授けられた勲章の種類は、普通は旭日章と瑞宝章および金鵄勲章である。将校と同相当官は、少尉任官後十四、五年程度ではじめて、勲六等瑞宝章を授与される。その後は一つの勲等で五年から八年ていどを過ごしてから、上位の勲等を授けられた。したがって、とくに戦功はなくても、大佐になれば勲三等または四等を授けられているのが、普通であった。

また、下士官も勲章を授けられることがあったが、平時は下士官任官後、二十年近くたってから、勲八等を授けられたので、勲七等以上に進むことはむずかしかった。

戦争中に武功があった者は旭日章を授けられているが、この場合は現有の瑞宝章と同じ勲等のものを授与される。このため、瑞宝章よりも旭日章の方が上位である感じがするが、本来は別系統の上下の関係がないものである。

特別の武功があった者には、金鵄勲章が授けられたが、これは軍人にあたえられる勲章である。初めて叙勲される場合は、兵で功七級、将官で功三級である。昭和十五年までは小遣いていど以上の年金をともなっていたが、叙勲数が多くなってきたためか、一時賜金にきりかえられた。この勲章は、現在は佩用できない。

また女性のみに授けられた宝冠章は、等級は旭日章と同じで、勲八等までである。従軍看護婦で授けられた者は多い。

以上のような勲章とは別に、戦地に赴いた者にあたえられる従軍記章、特別の祝典に参加した記念章、赤十字社員章など、勅令で定められた記章類があり、勲章と同じように装着した。

勲章は、勲等の高いものは首飾りのようにしたり、右肩から左脇に垂らしたりするが、一般的には左胸に装着する。記章も左胸である。旭日章など同系統の勲章で、勲等に高低があるものは、高い方を装着する。旭日章と瑞宝章のように系統が違うものは、それぞれの高いものを装着する。ただし金鵄勲章だけは、等級の高低に関係なく、二個以上を装着できた。

記章は、多いものは十個も装着するので、横一列に、少しずつ重ねて装着してもよい。このさい、年次の古いものを右側、つまり身体の中心線に近い方に装着する。勲章と記章の並列の場合は、新しいものを右または上にする。外国の勲章は、日本の勲章の左または下に置く。つまり外国の方が低く扱われているのである。

軍人は、勲章の代用品として定められている絹製の細長い略綬を使う場合が多い。これは戦地などで、勲章の現物を装着することが不適当な場合に用いるもので、礼服には装着しない。軍服を礼装として使用した戦時には、逆に軍服を略綬ではなく、勲章、記章で飾りたてている写真を見ることができる。

以上のような勲章記章のほかに、陸海軍部内で定めている徽章、たとえば陸軍射撃褒賞徽章、昭和十九（一九四四）年制定の陸軍武功章があるが、これらは金属バッジで、右胸に装着するのが普通である。天保銭と呼ばれた明治二十（一八八七）年制定の陸大卒業者徽章は、その弊害が問題になって、昭和十一（一九三六）年に廃止されたが、その代わりというのか、昭和十八（一九四三）年に、隊長章という指揮官表示徽章が制定されている。海大卒業者についても、明治二十四（一八九一）年制定の海大甲種学生卒業者徽章というのがあったが、大正十一（一九二二）年に廃止されている。海軍は、海大卒業者や参謀を特別扱いすることが少なかったため、このような徽章にあまり未練はなかったようである。

このような徽章類は、昭和十五（一九四〇）年十一月、重金属不足のため、アルミニウム製にかえられた。重みがなくなったということであろうか。それだけではなく、服装全般に非金属化が進み、金属のホックは磁器製ボタンになり、ひもで代用される金具類も多くなった。物資の不足は、このようなところにもおよんでいたのである。

戦争末期には、ゴボウ剣さえ持たない丸腰の兵や、わらじばきの兵も現われたのであって、服制の最後は惨めであった。軍服をつけているのは、まだましな方であり、国民軍の防衛召集部隊であった沖縄の石垣島の特設警備工兵隊などは、官給品がないために、中折帽子を軍帽型に切ってかぶったり、雨具のかわりに、みの、笠をつけたりしていたために、みのかさ部隊と呼ばれたということである。

第六章　兵役制度

『根こそぎ動員令』ますらおたちの結末

徴兵の価値

前大戦の間に、軍人軍属として戦争に参加した日本人は一千万人以上にのぼったものと推定され、そのうち陸軍百六十万人、海軍五十万人が戦没している。これは赤ん坊から老人までをふくめた、男子の三人に一人が、直接戦争に参加し、その中の五人に一人が戦死、戦病死などで倒れた計算になる。

日本の同盟国であり、国内が戦場になったドイツは、戦争参加率、戦没率とも日本の二倍に近い。戦勝国アメリカもドイツほどではないが、日本なみの参加率であり、三十万人以上が戦没している。

このような多数の戦没者の多くは、召集された人々であり、庶民であった。一にぎりの佐官級以上だけは、陸士、海兵などを出た職業軍人が主力であったが、尉官級も戦争末期には、陸軍で七割以上、海軍で半数以上が、学徒出身などの応召者になった。

ナポレオンが百万人を徴して大陸軍を建設したフランスや、フリードリッヒ以来の伝統で、徴兵制に熱心であったドイツに学んだ日本の陸軍は、明治六（一八七三）年に徴兵制度を発足させた。徴兵制度がもっとも有効に働いたのは真珠湾攻撃以後の戦争であり、徴兵のおかげで、一千万人以上を動員することができたのである。

また、これら徴兵の上に立つ少尉以上の指揮官要員を学校で養成することも、西欧の制度にあったのであり、軍人の補充制度は、明治の初めに西欧に学んで、基礎が作られたのである。

徴兵のはじめ

徴兵制にもっとも熱心であったのは、大村益次郎であり、かれが明治二（一八六九）年の秋、暗殺に倒れて後は、山県有朋がその意思を継いで、実現に努めた。山県は農民、町人、下級武士などで編成された奇兵隊の軍監を勤めたことがあり、さらに、ドイツを中心に西欧の状況を見聞した結果、徴兵による軍隊を建設することが日本にとって最適であると判断したのである。

実際に徴兵が入営したのは、明治六（一八七三）年、東京地方での約二千三百人だが、これは臨時のものであり、明治五年十一月二十八日（陽暦十二月二十八日）に発せられた徴兵詔書と、これを受けて翌年一月に布告された徴兵令による正式の徴兵は、明治七年からの年間約一万人である。

ところで、この徴兵令の布告までにも徴兵という用語が用いられ、全面的にではなかったが、一部の農民などからも、徴兵をする命令が出されたことがある。明治三年十一月十三日（陽暦四年一月三日）に出された徴兵規則がそれである。

当時は、政府直轄の府県と、旧大名が知藩事を勤める各藩が混在していた時代であるが、政府は各府藩県に対して、石高に応じて一万石につき五名の、二十歳から三十歳の男子を兵員として差しだすように達した。

差し出されるものの身分は、士族でも平民でもよかったのであり、徴兵令の四民平等の思想は、ここにはじまっていた。この徴兵は不徹底であったが、それでも多くの府藩県から兵卒が兵部省にさしだされ、京都や東京の警備にあたっている。

このほか明治四年には、海軍水卒を漁師から募集しており、多い藩では十数名を差しだしている。これが海軍の志願兵のはじまりであった。

明治三年は、平民にも苗字を名乗ることや、羽織、袴を着ることが許された年であり、また戸籍が定められることになって、あわてて適当な名前を、村の物知りにつけてもらったという時代である。兵士になることができるということは、むしろ名誉であった。しかし、明治六年以後になって、強制的に兵役に服させられるようになると、兵役は苦役であると考えるものも入営することになり、徴兵逃れや、血税騒動が起こったのである。

兵士が、江戸時代の足軽（農民よりは格が高い）に相当するものと考えられていた維新直後までは、生命の危険があるにしても、身分が上がるならば志願するというものがいたが、時代とともに、人々の意識も変わっていった。

そうはいっても、明治六年の徴兵令以前の庶民をふくめての兵卒の徴募は円滑にはいかず、結局は、旧藩士から差しだされた兵卒が中心になっている。それも旧藩の足軽階級であったものからだけではなく、下士階級であったものからも差しだされたので、秩序は乱れがちであった。

明治四（一八七二）年の新聞に、「警衛勤務中の兵士の服装が、下駄をはいたり、わらじをはいたり、あるいは裸体の上に直接上衣を着たりまちまちであるだけではなく、警衛勤務中に雑談をしたり、本を読んだりしている」状態が記されているが、寄せ集めの軍隊を統制することはむずかしかったのである。

徴兵令の血税騒動

徴兵令に反対して血税騒動が多発したという話はよく聞くのだが、やや誇張されすぎているようである。徴兵の詔書とともに発せられた徴兵告諭の中に、「西洋人は税金を血税と称し、生血によって国に報ずるのであり、兵役もその一種である」といった意味の文章があったが、これを誤解したものが、暴動を起こしたというのである。

たとえば、明治六年の六月、鳥取県下を、鉱山局に雇われていた外人が巡回していたため、外人が生血を絞りとるというデマが流れていた。これ以前から、徴兵に行かないものは生血をとられるというデマがあったので、これが外人と結びついたのである。

ある村でたまたま異装をした者を見た農夫が、「すわこそ、生き血絞りが来た」と村中を触れて回り、やがて一万人が参加する暴動が起こった。暴動になってから暴民が掲げた要求は、「米の値段を下げること、太陽暦を太陰暦にもどすこと、小学校を廃止すること」などであり、これらの項目に並んで、徴兵廃止が挙げられていたのであって、徴兵令反対だけのための血税騒動ではなかった。

新政府がつぎつぎに打ちだす施策が、それまでの風俗習慣に反し、一方では米価が上がるなど生活が苦しくなったための不安不満が、暴動のもとになっていたのである。

当時の交通通信が未発達な状況では、誤解からデマが生ずるのは避けられなかったのであり、つぎのような戸籍法改正についてのデマが、流れたこともある。

「住居や年齢を調べているのは、未婚適齢の女性を調べて、外国人に売るためである」というのである。そこで未婚女性を結婚しているようにみせるため、ミセスのしるしであるおはぐろをつけさせるという、騒ぎが起こった。

しかし、このような場合は、地方の責任者が出かけていって説明すれば、騒ぎは収まったのであって、血税を誤解しての騒ぎも、一部には確かにあったが、それほど大きな暴動に発展する性質のものではなかった。

この時代、あちこちで暴動が起こったのは確かであるが、徴兵制反対のみを唱えて起こった暴動は、皆無といってよい。多くの反対項目の一つにとりあげられることはあったが、それよりも暴民の要求は、米よこせ、地租改正反対などの経済的な要求に重点があった。

西南戦争

西南戦争がはじまる前年、明治九（一八七六）年末の陸軍兵員数は、生徒をふくんで約三万七千名である。これが近衛部隊と六鎮台に分かれて各地に駐屯していた。各鎮台の兵卒は、ほとんど徴兵に置きかえられていたが、下士と近衛部隊には、壮兵と呼ばれた旧武士出身者がめだった。

下士と兵卒との関係には、旧武士と、農民との関係に近いものが残っていたのであり、兵卒に対してつらく当たる下士も多かったようである。下士が兵卒を殴って傷害をあたえたとか、そのために兵卒が逃亡したとかの事件が多く起こっている。国民皆兵とはいっても、年間に徴兵されるのが一万人あまりにすぎないのであり、三十余万人の対象者の中からくじで選ばれた者は、よほど運が悪かったのであって、ひどくされれば逃げたくもなったであろう。

当時は、入営して半年間は生兵と呼ばれ、小隊員としての戦闘動作ができるようになって初めて、二等卒の階級をあたえられたのであるが、とくにこの生兵の間は外出も制限され、訓練訓練訓練で服も破れるという状況であって、この間の逃亡が多かったのである。逃亡者を捜索するのに、「生国紀州和歌山、丈五尺五寸顔円小」など、江戸時代そのままの人相書きが、回されているのがおもしろい。

それでも徴兵の軍隊は、訓練によってしだいに形をととのえてきていたのであり、明治七年の佐賀の乱、台湾征討や、明治九年の萩の乱、そのほか西南戦争の前触れとして起こった動乱に活躍をしたのであった。

動乱時代の最後を締めくくった西南戦争でも、主力になったのは徴兵の軍隊であったが、私学校党一万三千、徴募兵などを加えて三万余という西郷軍に対するためには、徴兵だけでは不足した。第一線兵力だけではなく、九州以外の他の地方でも暴動が起こる可能性があり、それに対する警備兵力が必要であったためである。

当時、常備兵役を終わったものを、非常時の召集源である後備兵役に入れてはいたが、この兵力は六千名しかなかった。不足をおぎなうため、旧武士から巡査を募集して、新しく嘉彰親王の下に新撰旅団を編成したり、現職巡査を川路大警視兼陸軍少将の下に別働第三旅団に編成したりして、急場をしのいでいた。

その結果、官軍として戦争に参加した者は六万人にのぼり、その一割以上が戦没したのである。戦争の犠牲は大きかったが、この勝利によって国内は一応の安定をみたのであり、徴兵の真価もこの戦いで証明された。

徴兵令

最初の徴兵令では、兵役の区分を常備軍、後備軍、国民軍、補充兵として、満二十歳になったものに対して徴兵検査を行なって、合格者のうちからくじで、翌年常備軍に入るものをきめた。後備軍は、常備軍三年の兵役終了者が四年間勤務したものであり、前半二年間は、年に一度の召集、訓練に参加する義務があった。補充兵は、常備兵に欠員があったときの補充要員である。

このような兵役に当たっていない、十七歳から四十歳までの男子は、非常時の地域警備要員として国民軍に参加する義務があったが、これは形式的なものであった。

前述したように、常備軍に徴集する必要がある員数は、適齢者の一部にすぎなかったのであり、このため、徴兵令には多くの常備兵役免除規程があった。まず、身体検査不合格のものは、もちろん免除される。

最初、諸外国の例も考慮して、身長合格基準を平均身長よりやや低い五尺一寸（百五十四・五センチ）にしたのであるが、まもなく五尺に改めた。中でも歩兵は、四尺九寸でも採用している。身長以外の点で不合格になるものが、毎年二万人程度にのぼるほか、その他の定められた理由による徴兵免除が、意外に多かったのである。

つまり戸主、長男、またはこれに準ずるものは、徴集を免除されており、これがその年に徴兵年齢に達したもののうちの、多数を占めていた。徴兵されることを逃れようとする者が、廃絶した家の戸主になったり、養子に入ったりする例も、めだっていた。

また代人料納付という制度があり、二百七十円を納めれば徴兵されることを免じられていたが、庶民の一ヵ月の収入が二十円にも満たなかった時代に、代人料を納付できるのは一部の資産家だけであり、最初のころは、全国で年間十数名にすぎない。

そのほか官公吏、学校教員、高等教育を受けているものなども免除されているが、これら新生国家に有用な人材は、兵士以外の場で役立てようという配慮があったのであろう。これらの職にあって徴集免除された者は、千名にも満たない少数である。

結局、徴兵を妨げている一番の問題は、戸主、長男またはこれらに準ずるものが、免除を受けていることであった。明治十一（一八七八）年のこのような免除は、ついに九割にのぼり、やむを得ず当局は、徴兵令を改正してこの免除に制限を加えた。絶家を再興して戸主になったり、新しく分家を作って養子に入ったりした者は免除されなくなったのである。

この措置によって、明治十三年の免除者は前年よりも十三万名も少なくなっており、この数字から、適齢者の半数近くが、このような手段で徴兵逃れをしていたことがわかる。

一方この年からは、代人料納付による免除者が、それまでの十数名から四百名以上に急増しており、なんとかして徴兵を逃れようとしていた人が多かったことがわかる。徴兵検査前に逃亡する者が四千名近くあったことからもこれがわかるのであり、各地に徴兵逃れ祈願の神社があったことも、徴兵忌避者が多かったことを裏づける。とくに静岡県の龍爪神社は全国的に有名であり、満州事変のころまでは、公然と徴兵除祈願をしていた。

戸籍が完備せず、交通通信網の発達が不備であった明治の初めには、逃亡して徴兵を逃れることも不可能ではなかったのであり、それが逃亡者四千名という数字になっていた。しかし、昭和に入ってからは、年間二百名程度に少なくなってきており、時代の変化がみられる。

このような徴兵忌避を反戦思想と結びつけて論じたものをよくみるが、これは現代的な感覚で論ずるべき問題ではあるまい。当時、徴兵として入営した者の八割近くは農民であったのであり、日本人の職業構成の上でも、七割以上が農民であった。農民はもともと、土に生きるものであり、江戸時代を通じて、他国に出かけたり、他の職業についたりということは少なかったのである。ごく一部の者が、武家の中間《ちゅうげん》奉公をしたりということはあったにしても、戦時にも、戦争には縁がないのが普通であった。戦争や武人を知らない農民の徴兵忌避は、反戦などという思想的なものであるはずがなかった。

前述したように、徴兵反対暴動は、太陽暦採用とか、欧風化の拒否と同列に生じた暴動であり、変化を嫌う農民の自然の感情であった。とくに初期には、無知や、風聞による兵営内のつらさを嫌う感情が、徴兵忌避の風潮に拍車をかけたのであろうと思われる。大正、昭和にかけての徴兵忌避者を見ても、無学文盲者の割合が比較的高く、無知から生ずる恐怖が忌避者を作り出している面も多い。

明治二十二年の徴兵令

西郷隆盛の征韓論のころ以来、日本と朝鮮との間にはしばしば小紛争があり、朝鮮の背後にあった清国とも対立的であった。明治十六（一八八三）年に開館した鹿鳴館に象徴されるように、明治二十（一八八七）年ごろの日本は、ようやく内治重点の時代から抜け出て、欧化政策が軌道に乗り、対外的に発展するための基礎を固めつつあった。

この時代に、陸軍は最初のフランス式からドイツ式に変わりつつあったのであり、編制も明治二十一年に、それまでの鎮台から外征的な師団に衣替えした。徴兵制度も、この時期にドイツ式を導入し、それまでとはやや異なった形のものになった。

また、当初は志願兵のみで構成されていた海軍も、明治十六年改正の徴兵令により徴兵することが明示されて以来、年間六百名程度の新募兵卒の半数を、徴兵によるようになった。

明治二十二（一八八九）年は憲法が発布された年であるが、この年に改正された徴兵令は、新しい法律の形で定められた。兵役を常備兵役、後備兵役、補充兵役、国民兵役の四つに区分し、さらに現役と予備役に区分して、現役は常備兵役を陸軍三年とし、満二十歳になったものが服務するように定めたことは、明治十六年の改正当時と変わらない。

この改正で目立つことは、海軍の徴兵による現役期間を四年と明示したことと、戸主や官公吏などを、兵役から除外していたことをやめたことである。代人料の制度は、明治十六年の改正でなくなっていた。身体的理由による以外は、原則として全員が、現役兵の勤務に服する可能性をもつようになったのである。

もっとも、現役兵として兵営で服務するものの員数が急増したわけではなく、年間二万名ばかりの徴集であったので、くじに当たった者は運が悪かったという感じが、なくなったわけではなかった。ただ、必要な現役兵の員数を超過する分について、補充兵の名目で、十万名以上を指定し、現役兵数が欠けた場合に補充する要員にしたので、三人に一人は、現役兵か補充兵かに、指定されるようになったのである。

補充兵期間は、陸海軍ともに一年であったが、陸軍は日清戦争中に七年四ヵ月、日露戦争中に十二年四ヵ月に延長した。

補充兵は動員のさいの召集源にもなったので陸軍では、最初に数ヵ月の教育を実施し、以後は、年間数日間の演習や点呼と称する呼び出しを行なった。

〔明治22年徴兵令による兵役区分〕

兵役区分		資格	期間	備考
常備兵役	現役	満二十歳 十七歳以上の志願者	陸軍　三年 海軍　四年	明治三十年 陸軍 歩・経・衛は二年と 帰休一年になる
	予備	現役終了者	陸軍　四年 海軍　三年	各年一度の演習（六十日）と 簡閲点呼
後備兵役		予備役終了者	陸軍　五年 海軍　五年	明治二十七年陸軍十年
補充兵役		徴兵検査合格者から指定	一年	欠員補充　戦時召集源 明治二十八年　期間七年四ヵ月
国民兵役		十七歳～四十歳の右以外の者 丁種除外	四十歳まで	地方警備要員

この改正でもう一つ見落としてならないのは、一年志願兵という陸軍の予備将校養成の制度ができたことである。中学校同等程度以上の学校卒業者は、それまで現役を除外されていたのであるが、除外制度を廃止したかわりに、一年間特別の現役勤務を終わった者には、予備少尉任官への道を開いたのであった。もっとも在隊間の食料などは自弁であり、少尉任官時の服装も自弁になるので、資産のないものには、この道は閉されていた。

この制度の前段階的なもので、予備少尉への任官を前提にしない一年志願兵の制度が、明治十六（一八八三）年の改正時に採用されていたのであるが、それは代人料制度の廃止の見返りのようなもので、食料などを自弁することによって、短期間の現役に服することを認めるものであった。

明治も二十年ごろになると、毎年の中学校等の卒業生が数千名に達していたので、一年志願兵の制度は、単なる優遇措置としてだけでなく、これら卒業生の中から、動員時の将校の予備員を確保するという意義があった。当初は年間で百名ばかりであった志願者が、明治三十（一八九七）年には一千名をこえ、日露戦争時の下級将校補充源として重要なものになったことから、その意義がわかる。

最後に、六週間現役兵の制度が、やはり明治二十二年の徴兵令で定められているので、これについて述べておこう。官公立学校の正規の教員は、それまで現役兵として勤務する必要はなかったのであるが、この改正で、六週間だけの兵営生活を送るようになった。

明治十八（一八八五）年末の内閣制度発足時に、初代文部大臣になったのは森有礼であるが、かれは学校教育に国体主義をとり入れることに熱心であり、「護国の精神を養い、品位堅定に、志操を統一にする」教育をするために、教練をとり入れている。

この教練は兵式体操と呼ばれて、各学校の体操の時間の一部をさいて実施するようになっていたのであるが、とくに、明治十九年に制度を改めた尋常師範学校では、毎週六時間の体操の時間の半分を、中隊戦闘以下の教練にあてていた。尋常師範学校は、尋常中学校相当の学校であったのであり、小学校教員を養成するために、各県に設けられていた学校である。この教育を通じて、小学校教育に国体主義を徹底しようとしたのである。

尋常師範学校では、全寮制のもとに教練以外の面でも、兵営的な訓育が行なわれたのであり、卒業後教員生活を送っている間に行なわれる六週間現役兵の教育は、その総仕上げの意味をもっていた。

もちろん、尋常師範学校卒業者であっても、希望するものは、尋常中学校などの卒業者とともに一年志願兵を志望し、予備役の少尉に任官することもできたのであり、六週間という短期で、特別の教育を実施して現役を終わらせるのは、恩恵的な措置であった。

六週間の兵営生活は、特別扱いされているためもあって、一般の徴兵よりは楽であったようであり、退営時に提出した所感文に、批判的な表現があって、中隊長とやりあうようなことまであったようである。このような形で入営したものは、当初は年間五百名ばかりであり、明治時代の終わりには四千名に増えているが、全体からみると、それほど多い数字ではなかった。

以上のように明治二十二年の徴兵令では、国民皆兵の形を徹底しようとしたのであり、それまで現役を免除されていた教員も、短期間とはいえ、軍務に服することになったのである。

この徴兵令がその後、昭和二（一九二七）年に兵役法と改められるまでつづき、内容的には、大綱が兵役法にもそのまま引き継がれて、昭和二十年にいたった。

沖縄の兵役

沖縄と北海道は、他の府県とちがって、昔から特別扱いされていた。明治六年に、徴兵令による最初の徴兵が行なわれたときも、徴兵令はまだ、この両地には適用されていなかった。北海道は、北海道開拓使次官、黒田清隆の指揮下に屯田兵を編成して、警備につかせることになり、明治二十九（一八九六）年に、第七師団が正式に編成されるまで、徴兵は行なわれなかった。

沖縄は北海道とは事情がちがって、明治十二（一八七九）年までは、尚王家の支配がつづいていた。このため、徴兵を行なう体制はできていなかった。明治十二年に、琉球処分と呼ばれる武力を背景にした交渉が行なわれた結果、琉球王府は廃止され、沖縄県が生まれた。しかし、親清国派の勢力が残っており、日清戦争で日本勝利の結果が出るまでは、沖縄に徴兵令を適用することは、見合わせられていた。

もっとも警備を名目にして、熊本と小倉の聯隊から、交代で一個中隊が、首里に派遣されていたのであり、その活動を通じて、少しずつ県民のあいだに、軍隊についての認識が生まれていた。本土の中学校や師範学校で行なわれるようになっていた兵式体操（軍事教練）は、沖縄でも明治二十年には、行なわれるようになっていた。教官には警備分遣隊の、将校や下士官があたった。

徴兵が行なわれていない時期に、沖縄から軍務につくものがでた最初は、明治二十三年であり、十名が陸軍教導団に入って、下士になっている。その後、陸軍教導団に入るものや、師範学校を卒業して、六週間現役として服務するものなどが増え、明治三十一（一八九八）年末に初めて徴兵が九州各地に入営した。陸軍兵が二千二百八十八名、海軍兵が十三名である。

徴兵を担当したのは、新たに設けられた沖縄警備隊区司令部であり、警備分遣隊は廃止された。沖縄警備隊区司令部は、機能的には、徴兵事務などを担当する軍事行政官署であり、これ以後、沖縄には、前大戦の開始時まで、実力部隊はいなくなった。徴兵された若者たちは、九州各地の部隊に入営したのである。

このような沖縄であったので、軍事に対しては比較的鈍感であり、陸軍士官学校や海軍兵学校への入学者は、数年間に一人という状況であった。もっともこれには、学力水準も関係している。このような状況であったため、戦前の沖縄出身将官は、漢那憲和海軍少将と、長嶺亀助陸軍少将の二人だけであった。このことが、大戦中の沖縄の立場に影響しなかったとは、いいきれない。

志願者の兵役

兵役という用語は、徴兵とはちがった意味をもっている。徴兵というのは法の強制によって、兵役につくこと、または、ついている兵をいうのであるが、兵役は、徴兵の制度をふくめて、軍務に服することすべてをいう。

「兵役懲役一字の違い」などというが、兵役につくことができるのは、建て前の上では名誉であったのであり、「六年以上の懲役、禁固の刑を受けた者は、兵役につくことはできない」と、兵役法に規定されていた。

海軍兵の半数以上は志願兵であり、陸軍にも一年志願兵の制度があることについては前述したが、このような志願兵は、徴兵ではなく志願によって、兵役の義務を果たしたのである。志願兵には、現役兵として兵営にある期間が長いとか、別に納金を必要とするとか、特別の負担があったのであり、現役終了後の予備役、後備役の期間についても、徴兵とはちがった規定がなされていた。

このような、徴兵の代わりに志願で、現役兵としての務めを果たしたもののほかに、現役武官になることを志願して、兵籍に入るものもあった。武官とは下士官以上をいうのであり、志願者から選考されて、任官するものであった。

徴兵により現役兵になったものが、下士官として引きつづき勤務しようと思う場合は、志願をして聯隊長の選考を受け、下士官候補者になることが必要であった。運よく候補者になったものは、二年間の教育を受け、その後選抜されて下士官に採用されたのである。

また、現役兵としての期間を終わり退営するときに、適任者は、下士官適任証書を聯隊長から渡されるが、それを受けた者の中から補充されることもあった。

以上は、昭和二（一九二七）年の兵役法以後の時代の陸軍の下士官補充法であるが、志願と選考により適任者を補充するという原則は、海軍でも同じであり、また明治時代でも変わりはない。ただ、明治三十年に廃止された陸軍教導団では、徴兵経験のない者からも下士要員を募集していた。このときまで、下士の養成はすべてこの教導団で行なわれていた。しかし、年々志望者が少なくなり、下士の質の低下を招いたため、制度を変えたのである。

下士官が、兵と違って特別扱いされたのは、判任官として、天皇の官吏扱いされたからである。当時の国家公務員の八割以上は、雇員傭人と呼ばれた低い身分の者であり、判任官は、一割あまりしかいなかった。その判任官になるのであるから、特別扱いする必要があったのである。

下士官でさえ特別扱いされるのであるから、尉官以上は、もっと特別の扱いをされた。下士官は、四十歳（昭和十七年に四十五歳に改定）までの予・後備役、国民兵役を終わると、下士官の身分を失ったが、少尉とその相当官以上は、終身その官を名乗ることができた。階級ごとに定められた定限年齢を越え、五年間の後備役の期間を終わると退役になり、一切の兵役を終わったことになるのであるが、大佐、中尉などの官は、そのままであった。その代わり、大佐などは、六十歳に手が届くころまで兵役にあるため、太平洋戦争中に召集された老大佐の聯隊長の上に、陸士同期生である、中将の師団長や、軍司令官がつくということがあったのである。

このような武官になることを志願して、陸士、海兵などに入学したものは、兵役上は特別の扱いをされた。つまり、兵籍に入っているものとされ、これらの学校の生徒の期間に二十歳の徴兵適齢になっても、徴兵検査の対象にはならなかったのである。商船学校の生徒など、海員養成学校の生徒も、昭和になってから、全員が入学と同時に、海軍の予備員候補者として兵籍に入るようになり、同様の扱いを受けている。

ただし、陸士予科だけで退学したり、海兵を中途退学したりして、学校以外の部隊、艦船勤務での経験が、徴兵の現役期間に達しなかったものは、残余期間を、徴兵として勤務する義務があった。

昭和五（一九三〇）年からはじまった予科練や、昭和九年からはじまった少年航空兵（のち少年飛行兵）、その後、戦争中にはじまった多数の少年兵の場合も、入隊直後、または入隊して一定の教育を受けたのちに、志願兵として兵籍に入り、徴兵の対象にならなかったことは、同じである。このような志願により兵役に服するものは、兵役上、徴兵とは区別して扱われたのであった。

海軍はもともと、志願兵が半分以上で構成されており、採用年齢が十七歳以上であったため、若い兵が多かった。志願兵として採用されたものの服役期間は、明治時代は八年であったが、昭和二年以後は、五年と定められていた。

予科練習生も、この志願兵の一種であるが、最初の制度では、志願年齢を一般の志願兵よりも引き下げて十五歳とし、教育を終わった三年半後には、下士官に任官させることにしていたところが、他の志願兵とはちがっていた。

昭和十二（一九三七）年には、この最初の制度によるものを、乙種飛行予科練習生と改め、別に、中学校四年修了程度の者を対象にした、甲種飛行予科練習生の制度を作った。その後、乙種の採用年齢を、十四歳にまで切り下げたり、甲種の資格を中学校二年修了程度にまで切り下げたりしたため、まったくの少年兵が出現したのである。教育、進級期間も短縮されたため、もっとも若くして入隊した者は、十七歳で下士官に任官している。

別に十四歳で採用された少年兵として有名なものに、昭和十七（一九四二）年に発足した、通称、特年兵がある。これは、特別な少年志願兵の意味で、予科練同様に、将来の下士官要員として、艦船などで勤務するものであった。海兵団での正式名称は練習兵である。通信や電波兵器など、特別の分野での活躍が期待されていた。約一年三ヵ月の教育後、艦船などの勤務に配置されたため、実戦に参加した兵の中では、最年少であった。

このような海軍の少年兵は、入隊時から、兵としての階級章をつけていたが、陸軍の少年兵は、平均して二年の基礎教育期間中は生徒であり、階級をもたなかった。

少年飛行兵の場合でいうと、少年飛行兵学校（旧東京陸軍航空学校の課程）で、数学、物理などをふくむ、軍人としての基礎教育を受け、つぎに操縦、通信、整備などに分かれて、飛行学校などで教育を受けている間に、下士官候補者になり、兵長の階級章をつけた。

陸軍と海軍では、志願兵についての法令上の取り扱いがちがっていたため、このようなことになったのである。

階級章は、軍人であることの証明書のようなものであり、これの有無は、殉職などの場合に、軍人として取り扱われるかどうかのちがいになって現われるので、殉職が多い飛行学校での教育時期に、陸軍でも階級をあたえたのであった。

陸軍の場合、厳密にいえば、生徒の期間は兵ではなく、その予定者である。明治時代からあった、兵器整備員養成の学校とでもいえる工科学校で教育された生徒（のち少年工科兵）は、卒業後、下士官に任官したのであるが、陸軍の少年兵は、この系統に属していたために、海軍とは取り扱いがちがい、階級章をつけなかった。

陸軍では、昭和八（一九三三）年にはじまった、陸軍通信学校の生徒隊（のち少年通信兵）教育と、昭和十四（一九三九）年から制度がはじまった少年戦車兵につづき、少年重砲兵、少年野砲兵、少年防空兵などもつぎつぎに誕生し、最年少十四歳の少年が、陸軍にも籍を置くようになった。

なおここで、近衛兵について述べておく。各ナンバー師団は、それぞれ担当の師管を持ち、その中で徴兵をしていたのであるが、近衛師団だけは師管をもたなかった。近衛師団の兵は、各師団で新兵教育を終わった者の中から、優秀者を選抜して送りこんだのである。皇族や、陛下の身辺を警衛する者を選ぶのであるから、各師団はとくに優秀者を選び、選ばれた者もまた、一生懸命に努力したのであった。

近衛師団の前身は御親兵であり、当初は、武士出身の壮兵で構成されていた特別の部隊であった。服装や帽章も、他の師団と一見して見分けがつくように変えられていたのであって、誇り高き師団であった。

近衛師団長以下の将校にも皇族が多く、陸士出身の将校も、同期生中の席次上位者がここに勤務したのであって、志願しても容易に勤務することのできない師団であった。兵役上の特殊なものとして、覚えておきたい。

日露戦争と徴兵

日清戦争の講和が成った直後の三国干渉以来、満州へのロシア進出と、これを阻止しようとする日本との間には、つねに危険な空気が流れていた。ロシアとの戦争が避けられないと考えられ、作戦準備をはじめていた明治三十六（一九〇三）年末の日本陸軍現役下士卒数は、十六万七千名であり、現在の陸上自衛隊と同じようなものであった。

しかし、それが、明治三十八年十月の戦争終結ごろには、百万名近くに膨れあがっていたのであり、日本にとっては初めてともいえる大動員を実施したのである。

明治三十七年二月の日露開戦当初の召集源としては、予備役（現役後四年四ヵ月）と後備役（予備役後五年）の兵卒二十九万名だけであったが、開戦後ただちに、未教育補充兵四十五万名余の二ヵ月余の召集教育を実施し、逐次、戦列に入れたのである。

しかし、このように応急教育をして戦線に送り出した新兵は、当然のことながら、訓練が不十分であり、最初から敵の標的にされた。戦場に到着したばかりの補充兵が、一戦もしないうちに、塹壕《ざんごう》から頭をあげたところを撃たれるという例が多かった。

明治三十七（一九〇四）年十月の沙河会戦がはじまったころのある中隊では、二、三日前に到着したばかりの補充兵十名が十名とも、一日のうちに戦死したという記録を残している。当時は鉄帽をつけていなかったため、伏せていても、前進しようとして頭をあげると、とたんに頭を射ち抜かれるのであった。

このようにして戦没した兵卒の数は、八万名余にのぼり、日本の各村々では、かならず何名かの戦没者を出していた。

在郷の軍人で召集されたのは、兵卒だけではない。一年志願兵出身の将校も、ほとんどが応召した。戦争末期には、尉官の三分の一以上が、一年志願兵出身者になっており、正規将校の不足をおぎなったのである。短期間の訓練しか受けていないこれら少・中尉は、指揮能力に不足はあったが、それでも十分に、自分たちの役割を果たしたのであった。

明治二十二（一八八九）年に改定されたドイツ式徴兵令は、日露戦争でその価値を発揮した。この徴兵令のおかげて、日本は曲がりなりにも大国ロシアを相手として、最初の消耗戦を戦い抜いたのである。徴兵令は、戦中戦後にいくらかの手直しはされたが、基本的な考え方は変えられることなく、昭和二（一九二七）年の兵役法にバトンを渡したのである。

ところで、日露戦争に動員された陸軍兵卒の兵科をみると、戦闘の中心である歩兵が、圧倒的に多い。そのつぎに多いのは、意外にも輜重輸卒である。

開戦前に砲弾数を、大砲一門当たり五十発という見積りをしたという担当者の計算は、およそ時代遅れであった。奉天会戦では、一日一門当たり三十発を消耗しているのであり、このような消耗戦で重要な役割を果たしたのが、輜重輸卒であった。それにもかかわらず、「輜重輸卒が兵隊ならば、電信柱に花が咲く」と自嘲するほど、軽視されていたのも事実であった。

輜重輸卒は、戦闘能力を持っている輜重兵とは区別される輸送兵である。平時は、歩兵よりも多い数が、現役兵に指定されていたが、実際に入営して三ヵ月ほどの短期教育を受けていたのは、その二十分の一にすぎなかった。現役兵とはいっても、補充兵と変わりはなかったのである。

教育内容も、整列や行進などの基本的な教練と、物資輸送に関するものである。これに対して、輸重輸卒の員数の数十分の一にも達しなかった輜重兵は、歩兵と同様に三年間在営し、戦闘の訓練も受けた、いわば輸送護衛兵であり、乗馬の兵であった。

輜重輸卒と同じような短期教育を受けたものには、砲兵輸卒もある。このような雑卒と総称された兵卒に採用された者は、馬の扱いには慣れていたが、体格は一般兵よりも劣っていた。このため戦闘員からは、低く見られていたのだが、中には武器もなしに偵察に出かけたり、敵襲を受けて倒れた輜重兵に代わって射撃をするなど、勇敢な行動を示す者もあった。

輜重輸卒の待遇に現われているように、日本軍は補給を軽視しがちであった。砲一門当たりの弾薬数の算定の誤りに加え、国力が不足したために、日露戦争中の陸軍は、つねに弾薬の不足に悩んでいる。日露戦争の最後で最大であった奉天会戦では、ついに砲弾を撃ち尽くして、目の前を退却していくロシア軍を見ながら、殲滅の機会を逃したのであった。

最初から国力、生産力の不足を承知ではじめた戦争ではあったが、「糧を敵による」傾向が強い日本軍の体質の欠陥が、早くもこの時代から現われていたのである。

徴兵員数

歩兵	8,960人
騎兵	120
砲兵	720
工兵	400
輜重兵	120
海岸砲兵	140
計	10,460人

徴兵令発足直後の陸軍常備兵定員は、三万一千六百八十名であり、その三分の一を、毎年徴集していた。徴兵は各兵科に配分されたが、なんといっても歩兵が主力であり、全体の九割を占めていた。兵科別徴兵配員数は、表のとおりである。

この時代には、まだ、輜重輸卒などの雑卒の徴集はなく、戦闘員のみの徴集である。輜重輸卒を採用しはじめたのは、明治十二（一八七九）年である。明治十年の西南戦争で、輸送のための役夫を多数使用したことの反省からであろう。輜重輪卒は、表の戦闘員の員数外に、毎年一万五千名を採用しているが、実際に入営した者が少なかったことや、教育が短期間であったことは、前述したとおりである。

〔現役徴集兵員数〕

年次	陸軍	海軍
明45	103,784人	4,931人
大8	114,055	6,803
大14	92,549	6,053
昭5	100,771	10,148

明治二十七（一八九四）年の日清戦争までの陸軍の兵員数は、建軍以来それほど変動してはいない。明治十八年には、六鎮台制から六師団制へと、外征軍的に編制が変わりはしたが、兵員数には、大きな影響はなかった。当然、毎年の徴兵数にもそれほど大きな変動は現われず、輜重輪卒を加えて約二万名というのが、毎年の徴兵数であった。

明治十八（一八八五）年からは、海軍も志願兵のほかに徴兵の採用をはじめたが、多くても年間、数百名にすぎなかった。海軍の兵員は、日清戦争のときで一万五千名ばかりであり、新兵は志願兵が半数以上を占めていたので、徴兵として採用される数は、少なかったのである。

徴兵数が急増したのは、明治三十年（一八九七）末に、陸軍六個師団増設を決定してからである。これによって近衛をふくむ十三個師団に拡張した陸軍は、毎年の現役徴集数五万名以上を、必要とするようになった。日清戦争後に顕著になった、ロシアの脅威に対処するための拡張であった。

明治三十七、八（一九〇四、〇五）年の日露戦争が終わってから、大正十一（一九二二）年の軍縮にいたるまでは、第一次大戦を間に挟んでの軍拡の時代であった。陸軍は十九個師団から、最終的には在鮮師団もふくめて二十一個師団に増強され、海軍は八・八艦隊から、さらに八・八・八艦隊への強化を目ざしていた。

陸軍の毎年の現役兵徴集数は、十万名におよび、海軍も徴兵と志願兵を合わせて、毎年一万名以上を採用していた。毎年の徴兵対象壮丁五十余万名のうち、二割以上が、実際に軍務に服していたのである。

しかし、真に国民皆兵を実現していたドイツやフランスに比較すると、日本の徴兵は、まだそれほどでもなかった。第一次大戦直前の平時陸軍兵力は、ドイツ七十九万一千名、フランス六十四万六千名に対して、日本は二十九万二千名である。当時の人口は、ドイツ六千八百万人、フランス四千万人に対して、日本内地が五千三百万人である。

これから兵員一名あたりの人口を計算してみると、ドイツ八十六、フランス六十二、日本百八十二ということになる。フランスの兵役は、日本の三倍も厳しかったのである。このためフランスでは、壮丁から徴兵するだけでは足らず、外人部隊や植民地の現地人部隊に、依存せざるをえなかったのである。

日本敗戦後に、軍国主義呼ばわりの材料にされたかつての日本の徴兵制度は、欧州諸国に比べると、この程度のものにすぎなかった。日本の徴兵数が真に増加したのは、昭和十二（一九三七）年に日華事変がはじまってからのことであった。

徴兵検査

徴兵令発布当時の身体検査基準で、一番問題になったのは、身長をいくらにするかということであった。西洋の例を調べてみると、フランスが百五十六センチ（五尺一寸五分）、オランダが百五十五センチ（五尺一寸二分）であって、案外に小さい。西洋人は大男ぞろいであるのに、これはどうしたことかと調べてみると、基準を平均身長よりも低くとって、多くの兵を徴集するのだとわかった。

そこで当時の日本兵の身長を測って統計をとってみると、平均が五尺二分（百五十二センチ）という数字がでた。しかし、これは武士出身者の身長であり、一般はこれよりも、小さいのではないかと考えられた。

「なにをジロジロ見ている」

「いやちょっと。立派な身体をしていますね」

「おおきなお世話だ。さっさと出ていかないと、叩きだすぞ」

「お客さん困りますよ。喧嘩なら外でして下さい」

銭湯でいい争っている一方は、さきほどから、キョロキョロと、男たちの身体を、眺めまわしている。女湯をのぞく常連ともちがうので、番台は、さきほどから怪しんで目をつけていたが、とうとう口論がはじまった。

この男はじつは、陸軍省軍務局から依頼されて、徴兵検査のための、データを集めているところであった。

このような苦心をしながら調べた結果、最初の徴兵基準は、身長五尺一寸（百五十四・五センチ）ということになった。しかし、実際に徴兵検査をはじめてみると、この基準ではやや高すぎることがわかり、まもなく五尺（百五十一・五センチ）に改められた。場合によっては、多数を必要とする歩兵には、四尺九寸でも採用した例がある。現在の女性自衛官の基準（百五十センチ）なみであった。

明治二十一（一八八八）年の徴兵検査の記録によると、検査総員三十万三千人のうち、身長が五尺以上あり、他の面でも基準をパスしているものは、五十六パーセントである。意外に少ないといえる。検査全員の平均身長は、大正二（一九一三）年が百五十八・二センチであり、昭和元（一九二六）年には百五十九・四センチに増えている。この数字により、昭和二年から施行された兵役法による身体検査では、合格基準を百五十五センチに改めている。

このような基準をパスした、身体に異常のないものは、検査対象者の約半数であるのが通常であり、これがいわゆる甲種、乙種の合格者であった。病気、身体の障害などによる丁種の不合格者は、三パーセント程度である。現役兵として兵営生活をしたのは、合格者の約半数、甲種合格であるものが普通であった。

このため兵士の体格は、一般人よりもすぐれているのが通常であり、たとえば昭和三年の陸軍兵の平均身長は、百六十四・一センチと、壮丁の平均よりも約五センチ高く、体重も六十・七キロであって、壮丁よりも七キロ余多くなっていた。中でも砲兵は、体格のよいものを集めたので、当時の標準からいえば、大男がそろっていたのである。

これに対して海軍は、体格では陸軍に劣っていた。徴兵よりも志願兵を重視し、新兵の半数以上を志願兵によっていた海軍は「身体よりも頭」の傾向があり、志願兵採用時に、簡単な学術試験を実施している。このため、身体がやや劣るために陸軍の補充兵になっていた者の中からも、海軍の志願兵に採用されることがあった。

このようなわけで、海軍志願兵の身長を同年齢の陸軍兵と比較すると、平均で二センチ程度低くなっていた。また海軍の徴兵は、徴兵官が陸軍であるので、陸軍優先になるのは避けられず、基準の範囲内で陸軍兵に劣るものが採用されることは、しばしばみられることであった。海軍が、志願兵徴募の組織を、各鎮守府ごとに、徴兵組織とは別に設けたことは、徴兵に関してのこのようなことが原因になっているといわれている。

つぎにここで、徴兵検査の状況について述べておこう。青葉の季節、ある小学校の校庭に、多くの若者が集まってきている。中には紋付袴の姿もみられる。講堂の中では、在郷軍人らしい男が、若者たちの整理に当たっている。町村からの徴兵検査通達書を持って、指定時刻に出頭した、二十歳になる壮丁は、ここでまず、身体検査を受けるのである。

「こら、そこの入墨の男、列を崩すんじゃない」

「ぼやぼやせずに前に進め。身長測定が先だ」

役所の書記と陸軍の衛生下士官が、身長、体重、胸囲と順番に測定を行ない、視力の検査も終わると、軍医官の検診が行なわれる。検査のために、四つんばいになった若者の肛門に、ガラス棒が突っ込まれ、性病検査のために陰部がしごきあげられる。まごまごしていると怒鳴られるのであって、恥ずかしいなどと思っているひまはない。

最後に検査結果を総合して、徴兵医官が、甲種、乙種（第一、第二）、丙種、丁種、戊種（翌年再検査）の判定をして、身体検査が終わる。乙種は、ほとんどが補充兵要員とされ、短期間の補充教育を受けることはあるが、現役勤務に服することは少なかった。丙種は徴集を免除されて国民軍の要員になるが、平時は名目的であった。

専門学校以上の高等教育を受けている学生、生徒は、卒業時まで徴兵を延期されていた。

規則上は、中学生でも在校中であれば、延期されていたのであるが、該当者の数は少なかった。

高等教育への進学率は、昭和初年ごろで、同世代男子の六パーセント程度と少なく、進学者の四割は眼鏡使用者であるということもあって、この制度があるために徴兵に支障があるということはなかった。眼鏡使用者は、第二乙種か丙種に区分され、現役兵として徴集される可能性は、小さかったのである。

なお身体検査の判定に、甲乙丙丁戊の区分が使われるようになったのは、明治二十二年からであり、乙種は明治三十二（一八九九）年に二区分され、さらに昭和十五（一九四〇）年になって第一〜第三乙種に三区分されている。日華事変が拡大し、乙種の中から、多くの現役兵をとる必要が生じたための措置であった。

海軍兵は、視力だけは検査基準が厳しく、裸眼一・〇を要求している。甲種合格の基準が〇・六であったが、それを大きく上回っていたのである。

徴兵検査の直接の責任者は、陸軍大佐である聯隊区司令官（明治二十九年までは、少佐の大隊区司令官）と郡市長であった。かれらは、検査終了後に訓示を行なうのがつねであったが、なかには二時間にもわたって長広舌をふるい、正座して聞いている若者たちから、うんざりされる場合もあった。

身体検査が終わっただけでは、まだ徴集者がだれになるかが、決定していない。最終的にはくじ引きによって、徴集者を決定した。甲種、乙種の体格別に、各兵科に必要な員数を代表者がひいたのであって、徴兵逃れの神様の御利益は、このくじ引きのときに現われたのである。

なお徴兵検査のさいに、文部省の要求で全壮丁の学力検査が行なわれている。これは徴兵とは直接の関係はないのであるが、一般の学力程度を知る上での資料になった。明治四十一(一九〇八)年の資料によると、中学校卒業以上の学力をもっているものは、全検査人員の約四パーセントであり、まったくの文盲も、やはり四パーセント程度である。これが昭和十一年になると、中学校または同等以上の学校卒業者が十六パーセントに増え、文盲の方は、〇・三パーセントに減っている。

明治時代の軍隊教育では、文盲者に読み書きを教えることも課目の一つとして重要であったのであるが、昭和になってからは、その必要性が薄くなっていったのである。

明治三十一(一八九八)年から、沖縄ではじまった徴兵検査で集められた若者たちは、海を渡って九州各地の聯隊と佐世保鎮守府に入営したが、かれらは、読み書きだけではなく、ことばの不通に悩まされた。明治時代に、沖縄で標準語を話すことのできるものは珍しかったのであり、入営後の、ことばでの失敗談は多い。このため、入営前に各部落で、標準語の予備教育をしたりしている。

かれらはまた、氏名が本土とはちがう特色をもっていたので、これが障害になることもあった。金城隆盛が、カネシロタカモリと呼ばれ、自分のことではないと思って返辞をしなかったところ、「なぜ返辞をしないか」と、鉄拳がとんできたという。かれの氏名は、正しくは、カナグシクリュウセイであった。このようなこともあって、のちに金城は、キンジョーまたはカネシロと発音するように統一運動が起こり、独自の呼び方が消えた。ゴルフ選手の諸見里も、もともとはシュミザトであったのだろう。

幹部の補充

このように高学歴者が増えてくると、年度の徴兵計画に影響が出てくる一方では、幹部の採用は容易になった。予備将校補充源である一年志願兵の志望者が次第に増加し、また軍医などの特殊な分野の将校相当官に、任官することを志願するものも増加した。

一年志願兵の制度は、もともとドイツの制度に範をとったものであったが、第一次大戦後は、大戦間に米国で発達した予備将校養成制度をこれにからませて、新しい制度を作りあげようとしていた。

第一次大戦への参加当初の米陸軍の兵員は、二十一万余名であったが、一年半後には、三百六十八万名を越えるほどに膨脹した。この急膨脹にともなって新しく必要になった将校は、十二万名以上にのぼったが、これの供給源になったのが、R・O・T・Cなどの予備将校養成制度であった。

R・O・T・Cは、大学在学中の者に教育の一環として軍事訓練をほどこすものである。夏休み中には野営演習もあり、この教育を受けたものは、卒業後に、予備将校に任官することができたのである。そのほかにも、大学卒業者を短期間の訓練野営に参加させて、予備将校にしたてあげる制度があったのであるが、日本が参考にしたのは、R・O・T・Cの制度であった。その現われが、学校教練である。

大正十四（一九二五）年に、官公立の中学校以上および希望する私立学校にも、陸軍の現役将校が配属された。学校教練のはじまりである。それまでも、兵式体操という名の教練は行なわれていたのであるが、現役の将校により系統だった教練が行なわれるようになったのは、このときからである。週当たり数時間の訓練であったが、この課程を修了したものには、幹部候補生の受験資格をあたえ、受験しないものにも、兵役短縮の特典をあたえたのである。

この制度との関連で、徴兵令は昭和二（一九二七）年に兵役法と名を改め、一年志願兵の制度も、幹部候補生の制度に発展した。同時に学生、生徒以外の青年に軍事訓練を実施し、兵役短縮の特典をあたえるための課程として、青年訓練所、のちの青年学校が誕生した。

学校に配属された将校は、配属将校と俗称され、歩兵の大佐から大尉の階級にある者が多かった。大学には大佐、中佐、中学校には少佐、大尉が配属された。制度発足当初は、比較的優秀者が選ばれており、沖縄戦の牛島軍司令官は、郷里の鹿児島一中での勤務経験をもっている。しかしこれも満州事変後は、次第に予備、後備の老将校に置き換えられていった。

最初の配属数は一千名弱であるが、宇垣軍縮によって整理されるはずであった将校の首が、この制度のお陰でつながったという面があり、戦争で現役将校が多忙になってくると、当然のように老将校が、これに代わったのである。

当初、配属された将校は、それまでは聯隊長として二千名の部下を持っていたり、少なくとも中隊長の経験がある者であったので、部下のない一教官として配属されることは、苦痛であった。銃をかついで模範を示したり、ガリ版切りをしたりという生活に、悲鳴をあげているものも多い。

牛島少佐はさすがに態度が立派であったということであり、新任の教員として、雑用をすべて引き受けたため、教員たちが、警戒心をといたということである。

このような配属将校による学校教練には、実施前から反対も多かったのであり、早稲田大学の社会主義者である安部磯雄教授などは、反対の急先鋒であった。国家主義を唱える国学院大学内でも反対のビラが撒《ま》かれたが、さすがに、ビラを撒いた学生は、他の学生たちに袋だたきの目にあったという新聞報道がある。

それでも兵役期間の短縮や、幹部候補生受験資格という現実の利益の前には、多くの学生は弱かったのであり、学校教練は、しだいに私立学校にまで浸透していった。

学校教練の最後に行なわれる検定に合格したものは、徴兵時に幹部候補生を志願することができた。発足当初の幹部候補生の制度は、教練の検定合格を要件とした以外では、それまでの一年志願兵の制度と大きな差異はなかった。幹部候補生は専門学校等以上の高等教育を卒えたものは、在営期間が十ヵ月に短縮されていたが、中等教育修了のものは、やはり一年間在営して、幹部になるための修業をしたのである。ただし在営期間は、昭和十三年に二年間に延長されている。

修業期末には終末試験が行なわれ、合格者のみが将校へのパスポートを手にした。候補生はこのときまでに、軍曹、または一部の優秀者は曹長に累進しており、翌年または翌々年の短期間の再入営をへて、予備役の少尉に任官したのである。

予備役士官は兵科だけではなく、経理、衛生、獣医の各部門でも採用された。医師免許保有などの特別の資格者を採用したのであった。

この幹部候補生の制度は、昭和八（一九三三）年に甲種と乙種に区分されている。選抜試験の成績や新兵としての勤務態度で区別されたのであって、甲種は士官、乙種は下士官に任用された。この改定までは、入営時から幹部候補生として特別扱いされていたのであるが、改定によって、新兵として入営後、選抜試験を受けるようになったのである。

　昭和十一年の資料では、約一万四千名が志願して、甲種に約三千五百名、乙種に約二千五百名が採用されている。採用後の進級、任用の関係を一般兵と比較すると表のようになる。

　昭和八年のもう一つの大きい改定点は、食費、被服費などの納金制の廃止である。それまで幹部候補生は、十ヵ月修業者二百円、一年修業者二百四十円の納金をしていた。サラリーマンの平均家計費が月八十円余であるので、これだけを前納することは、簡単ではなかった。これを廃止したということは、幹部候補生の制度を、特典としてよりも、非常時の幹部補充源として、重視しはじめたということであった。

　幹部候補生出身の予備役将校は、昭和十八（一九四三）年の学徒出陣を待つまでもなく、日華事変の開始とともに大きな役割を果たした。昭和十四（一九三九）年の時点で、陸軍の兵科中・少尉の七割以上が、この出身者になっていたのである。

　事変直前の甲種幹部候補生採用数が、毎年三千名以上であったのに対して、陸軍士官学校卒業者は五百名であったのであり、陸軍の拡張とともに補充される若い将校のほとんどが、幹部候補生出身者になったのは、当然のことであった。

　また甲種幹部候補生の半数近くは、中等教育のみの修了者であったことが、日本陸軍の一つの特質であった。米国のR・O・T・C出身者は大学卒であり、後述する日本海軍の予備学生も、高等教育を受けていたのであるが、高学歴者が少ない当時は、量を必要とする陸軍

〔幹部候補生の採用後の進級・任用〕

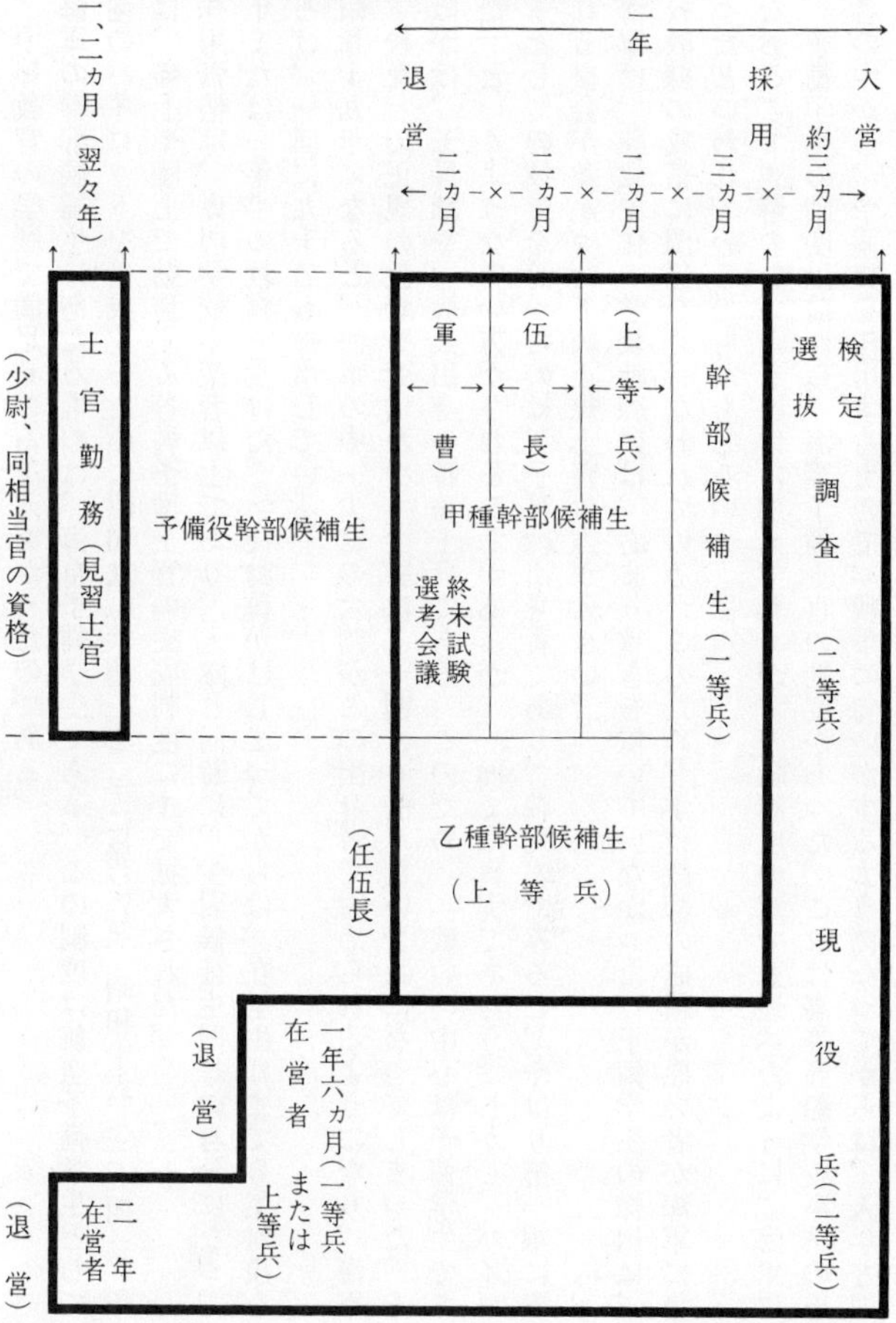

は、中等教育の学歴で満足せざるをえなかったのである。

海軍の幹部候補生にあたるものは、海軍予備学生である。この制度は航空予備学生として、予備のパイロットを養成するために昭和九（一九三四）年に発足し、昭和十六（一九四一）年には、艦上や陸上で勤務する各科予備士官の養成制度にまで拡大された。

採用資格は、専門学校卒業者以上であり、入隊と同時に、少尉候補生同等の身分になって、一年または一年半の教育を受けた。学徒動員がはじまってからは、在学生にまで募集対象をひろげ、一回に九千名も採用している。

昭和十九年になると、海軍の中・少尉の六割がこの出身者で占められるようになり、海軍兵学校などの正規の教育を受けた中・少尉は、一割にも満たない少数になってしまった。そのほかは、予科練や一般兵出身の特務士官である。このため、「戦いの中心は予備学生であった」というようないい方がされることがあるが、一面では真実であろう。しかし、パイロットとしての技量を誇ったのは、予科練出身者であり、戦死率でみると、やはり第一線に置かれる機会が多かった下級正規士官の方が大きい。

海軍は、陸戦主体の学校教練には、あまり重きを置いていなかった。予備学生の採用は、学校教練の成績に関係なく行なわれている。このため、学校教練の成績が悪い者が海軍に集まったといわれているのもおもしろい。

なおここで誤解のないように付け加えておくが、階級制度の章でも述べたように、海軍には、予備学生の制度以前から、海軍予備士官の制度があった。これは高等商船学校卒業の志願者の中から、予備員を任用するもので、戦争の匂いがするようになってからは、入学と同時に海軍兵籍に入れて、全員を予備員として教育するようになった。昭和十一（一九三六）年からは、陸軍の配属将校同様に、海軍現役武官の配属が行なわれている。
中学校と同等の商船学校の生徒も、同じように、予備下士官要員として教育された。この制度は、イギリスなど外国に範をとったもので、大戦中は、船舶の徴用と同時に、乗組員をそのまま海軍に召集する形にした場合が多い。

予備学生と紛らわしいもう一つの制度に、二年現役士官がある。これは大正十四（一九二五）年からはじまったもので、最初は軍医、薬剤のみであったが、戦争とともに技術、主計、歯科の部門に拡大された。名称のとおり二年間だけの現役に服するもので、基礎教育終了後に、大学卒業者は中尉、専門学校卒業者は少尉に任用して、専門の知識技能を活用したのであった。

勤務期間は予備学生とあまり変わりはないが、現役の二字がついているために人事上の取り扱いが有利であり、大学卒業者は、予備学生の場合は少尉任官であったのに対して、二年現役の場合は中尉任官であった。また進級も比較的早く、戦争のため二年経過後もそのまま服務した、昭和十六年の主計中尉任官組から、防衛庁長官をつとめた松野頼三、大村襄治両主計少佐が誕生している。

軍医や薬剤などの現役士官の本流は、陸海軍ともに大学生や専門学校生に学資をあたえて、軍の委託学生という形で養成し、卒業後、長期の現役として服務させていたのであって、二年現役というのは、恩典的なものであった。しかし、軍が拡張されるにつれて、これら補充源をほかにも求める必要が生じ、陸軍は、幹部候補生に依存したのであるが、そのような制度のない海軍は、二年現役が、その代わりを果たしたのである。

なお陸軍の特別志願将校も二年間の現役であり、幹部候補生出身者らの予備役将校が、志願により現役を勤めた。また陸軍は、昭和十八（一九四三）年七月には特別操縦見習士官の制度を発足させ、海軍の飛行予備学生類似の制度にしている。

師範学校の兵役

小学校教員の養成校である尋常師範学校を卒業して奉職中の教員の兵役は、六週間現役兵として、特別扱いされていたことは、前に述べた。これが大正七（一九一八）年に改定され、現役期間が一年になっている。

もっとも、教育上特別扱いされることや、一年の現役終了後は予備役に服することなく、下士官として国民兵役に服することは、それまでどおりであった。大正六年に、臨時教育会議が小学校教育の改善、兵式体操の振興を、内閣総理大臣に答申しているが、それとの関連改定であった。

明治の初めとちがって、この時代になると、教員に対する風当たりは強くなってきていた。一般の教育制度がととのい、中学校などへの進学者が増えてきていたため、師範学校への進学を志望するものは、定員の二倍あまりにすぎなくなっていた。教員の俸給の低さも影響して、教員の質は低下しがちであった。改定は、このような状況との関連もあったのかもしれない。

一年現役兵として入営した教員たちは、このときとばかり、一般兵からいじめられるということもあったようであり、兵役忌避者であるという意地悪い目で、みられることもあった。

せっかく一年に延長された教員の現役期間は、まもなく昭和二年の兵役法によって、五ヵ月に短縮され、短期現役兵と呼ばれるようになった。全体の兵役期間短縮の方向に沿ったものである。当時、学校教練や青年訓練所での訓練を終了していた者には、六ヵ月以内の在営期間の短縮が認められていたのであり、全寮制のもとに軍事教育がゆきとどいていた師範学校卒業者の現役期間短縮は、当然のことであった。

この改定時には、それまで認められていなかった海軍での、現役勤務が認められるようになり、学校での軍事普及の幅を、海軍にまでひろげたのである。

尋常師範学校出の教員の兵役は、昭和十四年に短期現役兵の制度が廃止されるまで、一貫して特別扱いされていたのであり、初代文部大臣森有礼の「教員を通じての国体主義の顕現」の思想が、軍の施策に尾をひいていた。

大戦中の兵役

日華事変とともにはじまった動員召集は、戦争が長びくとともに、規模を拡大した。事変開始後の昭和十二（一九三七）年中に、陸軍が動員した兵力は五十一万人にのぼり、大東亜戦争開戦の年である昭和十六（一九四一）年には、八十七万人が新たに動員された。この年、海軍も志願、徴兵を合わせて、十万人を新募している。昭和十六年の壮丁数は六十万余人であり、それだけでは足らない員数が、新しく戦場に送られたのである。

戦争末期には、四十歳近い老兵や、身体に障害を持つ兵まで出現したが、それでも日本の場合は、ドイツやイギリスよりはましであった。男子の三人に一人が軍務に服したこれらの国に比べて、日本は六人に一人の割合にとどまったからである。

それはともかくとして、戦争中の召集源不足をおぎなうために、兵役法は毎年のように改められた。短期現役兵の廃止は昭和十四（一九三九）年であるが、本格的な戦争に入ってからは、学生の徴集猶予の一部廃止と繰り上げ卒業による入営、さらに十八年の学徒動員へと、補充源をひろげた。動員された学徒は、十万人弱である。さらにこの年末には、徴兵適齢の一歳繰り下げが行なわれ、通常の二倍の徴兵をえている。

平時には兵役の義務がなかった朝鮮人や台湾人も、兵役の対象にされた。まず昭和十七（一九四二）年に志願兵として募集をはじめ、十八年に朝鮮、二十年に台湾に、徴兵制を施いた。

このような努力により召集され、徴集された兵員も、戦争末期には十分な訓練を受けることがなく、小銃さえ支給されずに、本土決戦のための穴掘りに従事したのである。

朝鮮と台湾への徴兵制の施行は、いよいよ動員すべき補充源がなくなったための措置であったといわれているが、形式上は、皇化政策とのからみで、現地からの要望もあったからだということになっている。これ以前から、飛行場造り人夫などの労働者として、軍にかり出されていた現地人は多かったが、兵士は、志願兵が認められているだけであった。

兵営に入るためには、日本語ができることが必要条件であり、沖縄の人々以上に、言語上の障害があった。また軍の方でも、現地人に対して、信頼感をもっていなかった。このため徴兵制が施行されていなかったが、ついに最後になって、徴兵検査が行なわれることになったのである。

このようにして、戦争に参加した人々が、戦後は外国人になってしまったために、旧軍人を対象にする政府の補償などの施策外におかれ、問題になっていることは、周知のとおりである。

第七章　軍縮と編制

三代〝軍拡〟狂騒曲のはてに

明治国軍の建設

明治六（一八七三）年十月、遣韓使問題がこじれて、陸軍大将兼参議の職を辞した西郷隆盛は、郷里の鹿児島に帰った。かれは近衛都督、つまり近衛師団長の地位も兼ねていた。このため、近衛兵の中の、桐野利秋少将、篠原国幹少将をはじめとする多くの薩摩出身者が、あいついで辞職、帰国してしまった。鹿児島城下に集まったかれらは、隆盛を中心にして私学校党を結成し、新政府の施政に、反対の気構えをみせていた。

隆盛の弟の西郷従道と従弟の大山巌は、隆盛の中央復帰を図ったが、成功しなかった。二人は、隆盛とはちがって欧米巡歴の経験をもっており、革新的な主張をしていたので、意見が合わなかったのであろう。

隆盛は、そのような人々によって指導されている中央政界からは、遠ざかろうとしていた。このころ、海軍兵学寮を退寮して、私学校党に加わろうとしていた山本権兵衛を追い帰したりしているので、軍の近代化に反対していたわけではあるまいが、社会の革新には、ついて行けないという気持をもっていたのであろう。このような隆盛の周りに集まってきた私学校党の人々は、封建武士団そのものであり、いつかは新政府と、対決しなければならない運命にあった。

明治十（一八七七）年の春、ついに対決のときがきた。隆盛自身の意志ではなかったかもしれないが、私学校の生徒たちの暴走を、隆盛がとめることは、できなかった。かれらの草牟田陸軍火薬庫襲撃事件で、西南戦争の火の手は、あがったのである。

このときの陸軍の中心人物は、長州出身の山県有朋と、薩摩の西郷従道であった。山県は参軍として出征軍を指揮し、従道が、山県に代わって陸軍省で采配をふるった。従道の任務は、部隊を編成して九州に送りだすことと、軍用物資の調達、輸送、それに必要な戦費の捻出であった。

明治十年六月、大蔵大輔松方正義は陸軍事務取扱西郷従道と京都で会い、西南戦争の戦費について協議した。当時は、明治五年に発足した国立銀行が発行する紙幣が、一応通用するようにはなっていたのであるが、まだまだ信用が薄かったために、戦地での支払いに問題があった。別に政府発行の貨幣があり、こちらの方は問題がなかったので、陸軍省は銀行紙幣ではなく、政府貨での戦費交付を要求していた。

当時、薩軍は、占領地内で西郷札と呼ばれる紙幣を発行通用させていたが、国立銀行が発行した紙幣の信用も、西郷札とあまり変わりはなかったのである。民衆は明治維新のために藩札が無価値になった記憶も新しく、金銀の貨幣は信用しても、紙幣、それもあまり知られていない銀行紙幣を、信用してはいなかったのである。当時の混乱した世相の一端が、ここにも現われていた。

結局、陸軍は戦費の四割を銀行紙幣で受け取ることになったのであるが、この紙幣の乱発が、西南戦争後のインフレを誘い、価値の高い金銀貨は、退蔵されることになった。

明治の新国軍は、発足当初から財政面で苦しんでいた。もちろん苦しいのは政府全体であり、軍はその反映で苦しんでいたのであるが、軍事力で政権を掌握した新政府としては、苦しいからといって軍事をなおざりにはできず、困っていた。

明治五（一八七二）年十二月三日に太陰暦から太陽暦への切り換えを行ない、この日を明治六年一月一日としたが、これによって十二月分の官員の俸給を浮かすことができて、当路者は、大喜びしたというぐらいである。軍備を強化し、新しく施設を設ける必要性があることはわかっていても、財源がないために遅々として進まないのが、当時の状況であった。

具体例をみてみよう。明治三年の兵部省の予算は、米三十万石である。これは米一石を八円（当時は両で表示していたが、両と円は同価である）として計算すると、二百四十万円になる。当時、射場一つを作るのに一万円を必要としたという記録があり、これだけの予算でできることは、しれていた。まして軍艦を建造でもしようものなら、一隻で予算の半分はなくなってしまうという状況であった。

大村益次郎が計画していたように、どんどん施設を拡充し軍備を強化することは、不可能であった。明治六年からはじまった徴兵による軍隊の建設は、安あがりな軍隊の建設という意味ももっていたのである。実際は、それほど安あがりにならなかったことは、兵役の章で述べたとおりである。

徴兵令以前の陸軍兵は、旧武士が主体であった。王制復古直後に朝廷を守護したのは、薩摩や土佐などの藩兵であったが、一ヵ月後の明治元（一八六八）年一月十七日には、海陸軍務総督が、つづいて二十五日には御親兵掛が置かれて、藩兵は、御親兵に置きかえられた。この御親兵は、十津川郷士や脱藩の浪士を主体として編成された近衛兵ともいうべきものである。正確な員数はわからないが、四、五百名もいたのであろうか。神武天皇が熊野川沿いに奈良盆地に入るときに、道案内をしたと伝えられる由緒ある集団であった。

この年正月からの、鳥羽伏見の戦いにはじまる戊辰戦争を戦った官軍は、名前は官軍でも、実質は薩長を中心とする諸藩の兵であった。それも積極的に差しだしたものは少なかった。このためこれらの兵は、奥羽平定後は、ほとんどが国元に引き揚げたのであり、一部のみが京都市中にあって、警備にあたっていた。

天皇直属の軍隊は、わずかの御親兵だけになったのであり、国内の治安が不十分な当時の情勢では、どうしても新しい天皇直属軍を建設する必要があった。このためのまに合わせの軍隊として、明治三年に薩長土の三藩から差しだされた二千名ばかりを、新政府の管理下に置き、翌年には、御親兵もこの兵に置き換えている。

このような処置とは別に、全国から兵を募って、国軍を建設する動きも出はじめていた。最初は、各藩の石高に応じて差出員数を割り当て、天皇直属軍を編成しようとしている。この編成は戊辰戦争中に、陸軍編制法という形で各藩に達せられ、一部は実行された。その内容は、一万石当たり三名の兵士と、三百両の軍資金を差しだすというものである。

しかし、奥羽に出兵中のことでもあり、まだ反抗的な諸藩もあって、計画どおりの編制をすることはできなかった。結局、集まったのは千二百名ばかりであり、京都の警備の一部を担当させるにとどまっている。

明治二（一八六九）年に版籍を奉還した諸藩は、旧藩公が知藩事として、あいかわらず統治をつづけていたが、明治三年二月に、常備兵の数を草高一万石当たり六十名に制限され、さらに九月には現石（藩庁が農民から得る収入）一万石当たり六十名と、半数以下に制限された。このさい、現石一万石に満たない百二十余藩は常備兵を持たないこととされた。

各藩の武力は、このようにして削減されたのであるが、財政的に苦しんでいた当時の各藩では、この措置はむしろ歓迎されたのである。

このような措置とは裏腹に、明治三年十一月には、各府藩県から一万石当たり五名ずつを兵士にするため、政府（大阪）に差しだすよう命令があった。兵士の資格は、士農工商の身分を問わないものであり、わが国最初の徴兵といえるものであった。

しかし、この徴兵も、円滑には行なわれず、翌四年四月に東山道（石巻、福島、盛岡）、西海道（小倉、博多、日田）の二鎮台を設置したときは、佐賀、熊本などの藩兵が、鎮台兵の主力になったのである。これらの天皇直属軍は、対内的な治安維持軍の性格が強い。明治四年七月に行なわれた廃藩置県にさいして、さしたる混乱が起こらなかったのは、このような軍備に負うところが大きい。

新国軍の建設は、以上のような段階をへて、少しずつ発展したのであり、廃藩直後の八月には鎮台が、大阪、鎮西、東北、東京の四つに増えた。翌五年二月には、陸軍省と海軍省が兵部省を母体として発足し、増加する兵員の補充のために、本格的な徴兵が、明治六年から行なわれることになったのである。

鎮台から師団へ

廃藩置県時には、まだ各藩に少しずつ常備兵が残っていたのであるが、ほとんどは解散され、一部だけは鎮台兵にくり入れられた。この措置により全国四つの鎮台は、十八個大隊の歩兵約一万三千名と、砲兵、騎兵、造築隊（工兵）の千名足らずで編成されることになった。このほかに、薩長土の旧三藩から差しだされた御親兵六千名が、皇宮を守っていた。

各鎮台には、部隊が駐屯する営所が何ヵ所かあったのであるが、二個鎮台の時代には、九州、東北に六ヵ所であったものが、四個鎮台の時代には、本営四ヵ所、分営八ヵ所に増加した。各営はそれぞれ指定された警備担当区域をもち、全国洩れなく、どこかの営の担当区域になったのであった。

もっとも、信州の上田に分営した二個小隊で、信濃（長野県）全域を担当するといった例にみられるように、担当区域が広すぎて、警備不十分になる場合が多かった。当時の歩兵の編制は、一個小隊が六十名、中隊は二個小隊、大隊は十個小隊のようであり、信濃には、百二十名の警備兵しかいなかったことになる。

鎮台はもともと、国内治安向けの歩兵主力の軍隊であり、当時しきりに起こった新政府の施策反対の暴動には、そのつど出動して対処した。しかし、右のような小兵力では、数万人による大規模な暴動に対処することはできず、たとえば明治六年の大分県や福岡県の暴動に

六管鎮台表

	鎮台	営所	分営	常備諸兵		海岸砲	常備合計
第一軍管	東京	東京	小田原 静岡 甲府	歩第一聯隊	騎第一第二大隊 砲第一第二小隊 工第一小隊	品川一隊 横浜一隊	歩三聯隊 騎二大隊 砲四小隊 工三小隊 輜重一隊 海岸砲三隊 平時 7140人 戦時 10370人
		佐倉	木更津 水戸 宇都宮	歩第二聯隊	輜重一隊 予備 砲二小隊 工二小隊		
		新潟	高田 高崎	歩第三聯隊		新潟一隊	
第二軍管	仙台城	仙台	福島 水沢 若松	歩第四聯隊	騎第三大隊 砲第三第四小隊 工第二小隊 輜重一隊	函館一隊 当分分遣	歩二聯隊 騎一大隊 砲二小隊 工一小隊 輜重一隊 海岸砲一隊 平時 4460人 戦時 6540人
		青森	盛岡 秋田 山形	歩第五聯隊			
第三軍管	名古屋城	名古屋	豊橋 岐阜 松本	歩第六聯隊	砲第五第六小隊 工第三小隊 輜重一隊		歩二聯隊 砲二小隊 工一小隊 輜重一隊 平時 4260人 戦時 6290人
		金沢	七尾 福井	歩第七聯隊			
第四軍管	大阪城	大阪	兵庫 和歌山 西京	歩第八聯隊	砲第七第八小隊 工第四小隊 輜重一隊 予備 砲二小隊 工一小隊	川口一隊 兵庫一隊	歩三聯隊 砲四小隊 工二小隊 輜重一隊 海岸砲二隊 平時 6700人 戦時 9820人
		大津	敦賀 津	歩第九聯隊			
		姫路	鳥取 岡山 豊岡	歩第十聯隊			
第五軍管	広島城	広島	松江 浜田 山口	歩第十一聯隊	砲第九第十小隊 工第五小隊 輜重一隊	下関一隊	歩二聯隊 砲二小隊 工一小隊 輜重一隊 海岸砲一隊 平時 4340人 戦時 6390人
		丸亀	徳島 高知県内 須崎浦 宇和島	歩第十二聯隊			
第六軍管	熊本城	熊本	千歳 飫肥 鹿児島 琉球	歩第十三聯隊	砲第十一第十二小隊 工第六小隊 輜重一隊 予備 砲二小隊 工一小隊	鹿児島一隊 長崎一隊	歩二聯隊 砲四小隊 工二小隊 輜重一隊 海岸砲二隊 平時 4780人 戦時 6940人
		小倉	福岡 長崎 対馬	歩第十四聯隊			
総計	鎮台六 営所十四		常備兵合計	歩兵 十四聯隊 四十二大隊 騎兵 三大隊 砲兵 十八小隊 工兵 十小隊 輜重 六隊 海岸砲 九隊		人員	平時 31680人 戦時 46350人

は、臨時に旧藩兵を動員組織して、鎮圧にあたっている。とくに鎮台の営所所在地から遠い地方の暴動には、手近の旧武士を動員して対処する方が、早かったのである。

鎮台の本営、分営は、旧城郭内に置かれた。明治六（一八七三）年一月には全国六鎮台制になり、東京以外の鎮台は、仙台、名古屋、大阪、広島、熊本の各城に置かれた。鎮台所在地をふくむ営所の数は、全国で十四ヵ所である。このほか将来は、さらに四十一ヵ所に営所を設ける予定にしていたが、これら営所として必要な城郭を除く他の城郭は、このときに廃止されたのである。

廃城は数千円（現価数千万円）という安い値段で民間に払い下げられており、建物一棟が、米一石の値段にしかならないという例もあった。

六鎮台の配備状況とその兵員数は、表に示したとおりである。平時三万名余を定数とする兵員は、当初は定員の半数を満たしただけであったが、明治六年に徴兵がはじまってからは、必要数を補充しえた。この時代の歩兵一個聯隊の編成は、三個大隊の歩兵約二千名である。

また騎兵と砲兵の一個大隊は、二個小隊の二百四十名であり、その他の隊、小隊は、百名未満であった。とくに輜重兵が軍管に一隊六十名しかいない点、それも現実には、初期は東京の一隊のみであった点が問題であった。これがのちに、西南の役で表面化するのであり、このときは、戦費の三分の一を、役夫などの費用にとられている。

なお品川、横浜などの全国の主要な港湾には、山砲や野砲を装備した海岸砲隊が置かれるようになっていたが、常続的に置かれたことはない。海岸防備の要塞が設置されたのは、明治十三（一八八〇）年に起工された東京湾口の観音崎が初めてであり、その後、各地にも設置されて要塞砲大隊と呼ばれるようになっている。

初期の海岸砲隊は、海岸防備の能力などはなく、臨時に礼砲を発射するために置かれたものであった。それもない場合には、礼砲発射のために、遠くから軍艦を回航したりしている。

鎮台は性格的には、軍隊指揮のための司令部というよりは、軍役所といった方がぴったりくる存在である。司令長官は少将であり、歩兵聯隊以下の各隊を指揮して、地方の警備にあたった。そのほか軍病院、補給廠、軍事裁判所、徴兵所のような機能を備えていたのであり、地方の軍事の中心になった。この鎮台のうち、部隊としての軍事行動がもっともめだったのは、熊本鎮台である。

九州一円は特に、旧武士勢力の守旧的な暴動が多発したところであって、明治七（一八七四）年の佐賀の乱はもちろんのこと、明治九年の熊本の乱、秋月の乱と続き、最後を西南の役で締めくくった。熊本鎮台は、つねにこれらの乱に出動し、中心になって鎮圧にあたった。

 このような熊本鎮台は、反政府勢力にとっては、標的にするのにもっとも適当な存在であった。明治九年に帯刀が禁止されたとき、熊本の敬神党員たちは、怒り心頭に発した。かれらは政府の欧化政策に反対し、ちょんまげ、烏帽子姿で生活していたのであり、武士の魂である刀を廃止することは、がまんできないことであった。

かれら一党の二百名余は、十月二十四日の夜、熊本鎮台と県庁を襲った。この夜、鎮台司令長官種田政明少将は、愛妾と同衾中のところを襲われて、落命した。

少将は艶福家であって、熊本では二人の妾を持っていたということであるが、男はそれぐらいのことができなければというのが当時の風潮であり、そのために非難されたということはない。しかし、辛うじて逃げた妾が、「だんなはいけない、わたしは手きず」という電報を東京の本宅に発信したということは、語り草になった。

この乱では同時に、歩兵営、砲兵営も襲われ、就寝中の兵がつぎつぎに殺された。あわてて戸外に出ようとしたものは、入口に待ちかまえていた賊に斬られており、六十余人が死亡している。夜が明けてからようやく態勢をととのえた鎮台兵は、児玉源太郎少佐などの指揮下に反撃に転じ、一党を一掃した。

この熊本鎮台は、西南の役のときには、一万に近い西郷隆盛の軍に包囲されて籠城した。鎮台を守っていたのは、谷干城少将指揮下の三千五百名余の兵である。籠城中に熊本城天守閣は火を発し、加藤清正以来の名城の姿が失われるのを城下の人々は嘆いたのであるが、兵はよく籠城に耐えた。

ここで西郷軍を食い止めたことが、官軍側に態勢をととのえる時間をあたえ、田原坂方面や海上からの上陸部隊、増援部隊と協同して、西郷軍を駆逐する契機になった。国内治安用として鎮台を設けることを考えていた大村益次郎の計画は、かれの死後に効力を発揮したのである。

西南戦争をへて、鎮台の任務はしだいに内治よりも、外征の方に重点が置かれるようになった。当初、フランス式であった陸軍の制度は、外征的になるにつれてドイツ式に変わっていった。

明治十八（一八八五）年に、プロシアの参謀少佐メッケルを、陸軍大学校教官として雇傭したときから、ドイツ化は急進展している。明治十九年には、臨時陸軍制度審査委員会が置かれ、児玉大佐を長としてメッケルの意見を参考にしながら軍制改革に乗り出したのであるが、まず行なわれたのが、鎮台の師団への改変であった。

鎮台はそれまで、有事には二個聯隊を旅団に編成し、鎮台司令長官を旅団長にすることになっていた。また二個旅団で師団を編成することにもなっていたのであり、師団長には、明治十一年以来置かれていた東部、中部、西部の各監軍部長をあてることを予定していた。このような制度が、軍備拡張により総兵力五万余名に増加した明治十八年からは、鎮台司令長官が師団長に、監軍部長が師団二〜三を統括する軍団長にあてられることに変わっていった。

メッケルはこのような編制を見て、日本のような小規模の軍隊に軍団を置く必要なしとし、鎮台を戦時に師団にするのではなく、平時から野戦型の師団として、常置するのがよかろうと助言した。師団の上の軍団の組織は設けず、全師団を直接、天皇陛下が掌握するのであり、それを補佐するのが、参謀本部長である。

メッケルの助言を入れて、明治十九（一八八六）年に各監軍部長は廃止され、明治二十一年に鎮台司令長官が、師団長と名を改めた。全国六個師団が誕生したのである。各師団は歩兵二個旅団からなり、旅団は二個聯隊で編成された。これに砲兵一個聯隊と、騎兵、工兵、輜重兵各一個大隊が付属している。日露戦争時の第四軍司令官野津道貫大将などは、すでにこのとき、第五師団長に補せられている。六年後の日清戦争、十六年後の日露戦争の準備がはじまったともいえる改編であった。

この改編には、近衛師団はふくまれていない。近衛隊が近衛師団に改編されたのは、明治二十四（一八九一）年である。御親兵ではじまった近衛兵は、明治七年には、歩兵二個聯隊

勇猛ぶりは、西郷軍におそれられたのであった。「わが兵のうち、奮進するはおおく近衛にありて、鎮台はその及ぶところにあらず」と報道されたほどであり、その勇猛ぶりは、西郷軍におそれられたのであった。

を基幹とするものに脱皮し、明治十年の西南戦争には大活躍した。

陸軍の特種兵科のはじまり

鎮台時代から陸軍で、歩兵のつぎに勢力をもっていたのが、砲兵である。西南戦争で近衛と並んでおそれられたのは、数少ない砲兵であった。明治六年に六鎮台制になったときの各鎮台には、砲兵一個大隊（山砲、野砲の二個小隊）を置くことになっていたが、実際には、砲数がそろわず編成が困難であった。西南戦争に参加しえたのは、近衛、東京、大阪、熊本の各砲兵だけである。

砲兵大隊の定員は、歩兵大隊よりも少ない。平時の歩兵大隊が八百名弱であったのに対して、砲兵大隊は三百六名である。西南戦争に参加した砲兵は、員数上は、歩兵とは比較にならない少数であった。この時代の砲兵には中隊編成がなく、大隊が二個小隊で編成された。したがって小隊の兵員数は、予備員をふくんで百四十八名という、歩兵よりは大きな規模になっていた。用いた砲は、四斤砲という戊辰戦争でも活躍した青銅砲が主であり、小隊あたり六門を装備していた。

明治十七（一八八四）年からの軍備拡張期には、国産のイタリア式七センチ青銅砲も現われるようになり、砲兵の規模もいくらか大きくなった。砲兵聯隊が編成され、聯隊は野砲二個大隊、山砲一個大隊の三個大隊編成になった。大隊は二個中隊、中隊は三個小隊の編成である。小隊の装備砲数は二門であった。大隊の兵員数は二百十名であるので、大隊の規模は前よりも縮小している。

砲兵はナポレオン以来、フランス式が主流であり、陸軍が雇傭したフランス人教官にも、多くの砲兵科のものがふくまれていた。しかし、当時の日本の国力では、とうてい多数の新式砲を装備することはできず、歩兵中心にならざるをえなかった。ブリューネの助言を入れて、イタリア式の青銅砲を国産することになったのも、国力を考えてのことであったことは前に述べた。

プロシアの参謀少佐メッケルが、陸軍大学校教官として来日してからも、砲兵、工兵の分野ではフランスの影響が強く残っていたのであり、日本からフランスに留学する砲兵将校も多かった。陸軍のドイツ化は全面的なものではなかったし、必要に応じて日本的な修正をしているので、それまでのフランスの影響が消えたわけではない。状況をにらみながら、よいものは何でもとり入れようとする日本人の体質は、近代化を進めるうえでは有用であった。

砲兵とは別に海岸砲兵を置いたことは前にふれたが、これが要塞部隊として要塞砲兵の名称になったのは、明治二十二（一八八九）年である。このとき、それまでの野砲兵、山砲兵の区別をなくして、野戦砲兵と呼ぶように改められている。

要塞砲兵は東京湾口をはじめ、のちに要塞地帯と呼ばれるようになった、国土防衛上の重要地点に配置されたのであり、日露戦争時に、ここの大口径砲を取りはずして旅順に運び、ロシア要塞の砲撃に使われたことで知られている。

つぎは騎兵であるが、日露戦争で秋山騎兵旅団が活躍するまでは、日本の騎兵に見るべきものはなかったといえる。当初、近衛と東京鎮台に少数の騎兵が置かれはしたものの、その用法も定まっていず、儀礼用の存在でしかなかった。

鎮台当時の最初の騎兵編成は、大隊が四個小隊であり、場合によって二個小隊を中隊に編成することがあった。平時の兵員は、大隊が百五十九名と少ない。馬は百三十五頭である。これが明治十（一八七七）年になって、大隊は二個中隊編成になり、中隊は四個小隊に分けられた。大隊の兵員は三百十三名、馬が二百七十頭であって、強化されている。

日本にもともと、騎兵がなかったわけではない。戦国時代の武田の騎馬軍団は、とくに有名である。しかし、騎兵を大々的に使用できる地形は、日本では少なく、徳川三百年の泰平がつづいたこともあって、幕末には、騎兵といえるものは姿を消していた。馬は主として、伝令に使われたのであり、指揮官も移動時以外は、徒歩であることが通常であった。日本の馬はもともと体格が小さく、戦闘用に適しなかったということもあるであろう。

明治三十三（一九〇〇）年の北清事変のときでさえ、「日本の騎兵は馬の一種に乗っている」といわれたぐらいであった。建軍当初の騎兵が、騎兵の形になっていなかったとしても、やむを得ない。かつて畠山重忠が、一ノ谷の合戦のさい、平家の陣地後方の崖を下るのに、馬を背負って下ったといわれているが、背負えるほど小さな馬であった。騎兵を育成する前に、まず馬を改良することが先であった。

馬が必要なのは、騎兵だけではない。輜重兵は、乗馬用としても輓馬用としても、馬に頼ることが多かった。このためまず、馬を改良育成する陸軍の機関が発足した。明治七（一八七四）年に発足した軍馬局は、軍馬の補充、調教、管理を統轄したが、明治十七年に新設された東京と宮城県の調馬隊は、陸軍自体で、軍馬を育成するための隊であった。その後さらに、軍馬育成所も編成され、軍馬の改良、育成、補充にあたった。

輜重兵科のうち、輜重兵は本来、乗馬の兵であって、輜重の護衛兵であった。そのため教育は騎兵に準じて行なわれていた。初めての輜重小隊は、明治六年末に、東京鎮台で編成されている。少尉の小隊長の下に、下士官六名、徴兵の新兵十六名というのが、その編成である。

計画では、各鎮台に一隊六十名の輜重兵を置くことになっていたのであるが、それが小隊編成に改められたのである。明治八年には、やや増強されて八十五名の小隊編成になった。それとは別に西南戦争時に、人夫による輜重輸送に問題があることが判明し、明治十二（一八七九）年になってから、人夫に代わる多数の輸送要員として輜重輸卒の制度が発足したのである。

輜重輸卒は、役夫や馬方を兵にしたようなものであり、一段低い存在であったことは、兵役の章で述べた。明治十三年にはこれら輸卒のうち、毎年の輸卒徴兵員の二十分の一にあたる百二十五名だけを、兵営で教育することになった。一歩前進である。

また東京だけでなく、全鎮台の輜重編成ができあがっている。鎮台に一個小隊であることは変わらなかったが、東京だけは二個小隊に増やして、中隊編成をとった。明治十七年の軍備拡張時には、もう一歩進めて、輜重大隊が編成されることになった。大隊は二個中隊、中隊が四個小隊の編成であり、大隊総員は六百十六名、馬が三百十一頭になった。

このように少しずつ、輜重は強化されていったが、それでも明治三十一（一八九八）年に士官学校を卒業した十期生までは、正規の士官学校教育を受けたものが、輜重兵将校になるということがなく、やはり軽視された兵科であった。

歴史的にみて、日本の戦争は国内戦が主であったためか、補給や輸送は軽視されがちであった。メッケルがこれを強調したところ、陸大の学生たちは、梅干でも準備しておけばよいのかと、考えたというていどのものであり、この軽視が、対米作戦の敗因になった例は多い。

昭和十八（一九四三）年初頭に、最初の米軍の反攻地ガダルカナルが放棄され、半年間に送りこまれた、わが陸軍の反撃部隊である第二師団と第三十八師団は撤退した。一万一千名余が撤退できたのは、幸運であったとしかいいようのない状況であった。

ガダルカナルに上陸した米軍は、三個師団であるので、頭数だけでみると、日本側がそれほど劣勢であったわけではない。しかし、米軍の師団が無傷で上陸していたのに対して、日本側は、多くの物資を海上で失っていた。輸送船は、つぎつぎに沈められ、空襲を避けるために、高速の駆逐艦でわずかに夜間輸送を行なっていたが、それもやがて不可能になっていった。弾薬はあっても、食糧を入手できないため、将兵は飢えて戦闘力を失った。

このような補給上の難点については、大本営の計算外であった。輜重兵科から陸軍大学校に入学したものは非常に少なく、三、四年に一人という状態であったので、補給や輸送に目を向ける参謀は、ほとんどいなかった。

戦争初期からこのような状態であったので、末期になると、補給、輸送は、いっそう悪化した。沖縄戦の準備期間に、第三十二軍は飛行場建設を推進したのであるが、食糧の補給が不十分であったために、徴用された作業員の中に、飢えるものがでてきた。

写真家のアーニー・パイルが戦死した伊江島にも、二ヵ所の飛行場建設がすすめられており、そのために島外から、一千八百人の作業員が、徴用されて工事に従事していた。島の人口は、もともと七千人ばかりである。そこに、食糧の準備のない多数の作業員のほか、多数の兵士が入ってきたため、たちまち食糧が欠乏し、工事どころではなくなった。戦闘がはじまる前からこうであるので、戦闘がはじまってからのことは推測できる。

輜重兵科の軽視にみられる、槍先重視、支援的部門軽視の日本人の傾向は、現在でもなくなったわけではない。これの解決には、人事から考えていく必要があろうか。

工兵は、輜重兵の馬方に対して土方といわれることもあるが、教育程度は高かった。明治二十（一八八七）年に士官候補生制度がはじまるまでは、士官学校での教育は、砲兵、工兵が、歩兵、騎兵よりも一年間長かったほどである。

明治五（一八七二）年五月、徳川家の沼津兵学校の閉鎖にともない、在校生六十六名が上京して、陸軍教導団の工兵第一大隊に編入された。幕末にフランスから教師団が派遣されて、幕府陸軍の教育にあたったが、フランスはもともと砲兵、工兵を重視していたのであり、沼津兵学校の教育もその傾向が強かったので、工兵に編入されたのである。

陸軍の工兵隊は、明治四年には大阪造築隊と呼ばれていたが、これが翌年には、四個小隊編成の工兵大隊に昇格している。一個小隊の兵員は四十名である。この工兵隊は、沼津兵学校の生徒たちが編入された教導団の工兵大隊であって、実戦部隊ではない。

明治六年に改定された鎮台の制度では、各鎮台に一個小隊の工兵を置くことになっていたが、最初は東京鎮台のみに、二個小隊、二百四十名を置いている。当時の工兵の任務は、築城、つまり要塞や野戦陣地の構築と架橋であった。

明治七（一八七四）年には、東京鎮台の二個小隊を大隊に編成した。ついで大阪、熊本の順に工兵小隊が編成されている。この小隊ものちには、大隊に拡充編成されている。明治十年の編制表によると、中隊は四個小隊、兵員数百九十六名になっている。

工兵とはややちがった存在として、鍬兵という制度が明治十年に誕生した。これは歩兵部隊に所属する工兵である。クワの兵という名称どおり、土工具、木工具を携行するのであって、上等卒以下八名を中隊に置いた。戦場ではこれらの兵を集めて、聯隊として、鍬兵小隊とでもいうべき部隊を編成することになっていたのであるが、戦場で実験されることもなく、ドイツ化とともに工兵に吸収されてしまった。

陸軍の兵科が最初に分科した明治六年には、歩騎砲工輜の五科のほかに、参謀科、要塞参謀科、憲兵科があった。これら兵科は特種兵科の中でも、さらに特殊である。参謀科には下士以下は存在せず、要塞参謀科には兵卒は存在せず、また、憲兵科には二等卒が存在しなかった。

後年、参謀は陸軍大学校またはそれに準ずる課程卒業者が、配置されるようになったが、この時代には、測量技術を学んだ者も参謀であり、少、中尉の参謀もあったのである。要塞の構築技術を持つものは、要塞参謀になりえたが、明治十三（一八八〇）年までは、国内に要塞は存在せず、要塞参謀科は、有名無実であった。同じように、憲兵が編成されたのは明治十四年であり、憲兵科もまた、有名無実であった。

もっとも明治十二年以前の兵科区分はかなりいい加減なものであって、自分で砲兵科ときめて申告すれば、砲兵科になったのであった。階級を呼称するのに歩兵少尉、砲兵大佐のように○兵をつけて兵科を示すようになったのは、明治十二年からであり、これ以後は兵科が固定的なものとなり、他兵科に変わることは少なくなったのである。

参謀科は明治十六（一八八三）年に廃止され、参謀業務を修めて参謀職務適任証をあたえられたものを、参謀官に任用する制度に変わった。この制度による参謀官第一号は、フランスの陸大で参謀修業をした小坂千尋であり、明治十六年に教育がはじまった陸軍大学校の教官を勤めた。参謀官には、陸大卒業者をあてることにしたための、制度改正であった。

なお小坂は、横浜語学所から大阪兵学寮幼年学舎に移り、フランス語教師、ビュランに連れられて、明治三年十月にフランス留学に出発し、サンシール士官学校を卒業した純粋のフランス派将校である。

明治十四年に実体ができた憲兵科は、最初は東京にのみ、大隊が置かれた。十七年から宮城と大阪にも、配置されるようになっている。憲兵は、軍紀、風紀の取り締まりにあたるのであるが、軍に関係がある事項については、一般人に対しても権限を行使した。秩父事件、加波山事件などの暴動鎮圧にも出動している。それだけに、戦闘を主とする兵科の職種としては、異質の存在であった。このためか、昭和十五（一九四〇）年に歩騎砲工などの兵科の区分が廃止されたときも、憲兵だけはそのまま残り、憲兵少佐のような階級呼称も、そのまま残った。

憲兵は教育上も他の兵科とは異なっており、新兵をいきなり補充して養成教育することはせず、古参兵を選抜して教育した。将校も士官学校卒業者をただちに憲兵将校にするのではなく、中尉か大尉になった時期に、選抜したのであった。憲兵は海軍に関する事件も取り扱ったのであって、陸軍だけの特殊な存在であった。

屯田兵

北海道は人口稀薄の地であり、明治二十八（一八九五）年までは徴兵令の適用外の地であった。しかし、ロシアを対象にした北辺警備は重要であり、失職した東北士族の救済もかねて、明治六年、屯田兵を入植させることが決定されたのである。

この制度の創始者は、当時、開拓使次官であった黒田清隆である。黒田はこの制度のために、屯田憲兵事務を総理し、陸軍中将の軍服を着ることになった。黒田は文官であったため、とくに中将にして、屯田兵を指揮させたのである。

札幌に近い琴似に最初の屯田兵百九十八家族（家族とも総員九百六十五人）が入植したのは、明治八（一八七五）年の五月であった。この年の北海道移住人口は四千七百人であるので、その五分の一を占めていたことになる。

屯田兵の兵科は、歩兵にしてもよかったのであろうが、憲兵ということになった。真の憲兵発足よりも、六年早い誕生である。平時の警察行動のためには、その方がつごうがよいという理由もあったと思われる。また、身分は准陸軍武官ということになり、階級名称の頭に准の一字をつけて、准陸軍大佐のような呼び方をすることになった。これは管轄が開拓使であって、陸軍省ではなかったからであり、明治十八年に陸軍の管轄に入ったとき、准ははずされた。

明治十八年以降は、屯田兵の入植者が急増し、少ない年で千名、多い年では三千名以上にもなった。屯田兵の服役年限は、最初は無期限であったが、明治二十三（一八九〇）年に、二十年間の四十歳までに限定された。それでも、一般の兵役に比べると長期間であり、三万名以上が服役していたこともあった。

屯田兵入植時には、十七坪半（五十七・九平方メートル）の家屋と農具類が支給される。肝心の土地は、初期で五千坪（十六・五アール）、のちには一万五千坪（四十九・六アール）が支給されており、内地の比較的恵まれた自作農でも、五千坪を耕作することは珍しかった時代のことであって、政府の力の入れ方がわかる。

屯田兵二百から二百五十戸が一兵村であり、一個中隊を編成したが、この中隊二〜四で大隊を編成して、屯田兵本部の指揮を受けた。入植最初の三ヵ月は、毎日、戦闘訓練があり、それ以後は、演習、検閲、警備などにあたっている場合のほかは、農事に従事した。この農事も統制下に行なったのであって、自由に休むことは許されなかった。

屯田兵は北海道で戦闘をすることはなかったが、西南戦争には出征して、勇戦奮闘している。指揮官は堀大佐であり、全兵力である二個中隊五百名弱が、九州各地を転戦した。この戦争で、戦死者九名のほか負傷、病死各二十八名をだしている。

屯田兵はその後、日清戦争にも臨時第七師団として出征したが、待機中に戦いが終わり、戦闘には参加しなかった。この第七師団が、明治二十九（一八九六）年から逐次、現地の徴兵に置きかえられ、屯田兵は、三十二（一八九九）年に入植打ち切り、三十六（一九〇三）年に廃止の道をたどった。なお、明治二十四（一八九一）年以後の屯田兵入植者は、平民屯田兵と呼ばれているとおり、士族主体の初期のものとは、性格が変わっていた。入植者の出身地も全国各地におよび、九州や四国からも、多数応募している。

この変化にみられるように、屯田兵は立派に目的を達して、徴兵にその地位を譲ったのである。屯田兵を創始した黒田清隆は、やがて開拓使長官になったが、榎本武揚の北海道開拓の思想をとり入れて、この制度をはじめたのであろう。当時の北海道の状況からみて、悪い制度ではなかったと考えられる。

海軍の建設

榎本武揚が、旧幕府の軍艦など八隻を率いて箱館に腰を落ちつけたころ、明治天皇は、初めて海軍の軍艦に乗艦天覧された。軍艦は、「武蔵」「富士」「飛龍」の三隻である。

これら幕府から接収して海軍の所属になっていた軍艦だけでは、榎本軍に対抗することができず、各藩の軍艦も加えて八隻を北海道にさし向けたのは、明治二(一八六九)年の三月であった。榎本が前年八月に品川を出てから、半年以上が経過していた。この艦隊の主力は、一月にアメリカから購入した強力艦「甲鉄」である。

榎本追討軍一行は、北上して宮古湾に風波を避けて停泊中のところを、榎本軍の軍艦「回天」に襲われた。「回天」の目標は、官軍の主力艦「甲鉄」であり、新撰組や彰義隊の隊員による、接舷斬り込みを実施した。しかし、官軍各艦からの機関銃と速射砲の射撃に、「回天」は甲賀源吾艦長を失い、ついに湾外に脱出した。この海戦が、日本海軍としての初めての海戦になったのである。

この戦闘は接舷斬り込みを意図したものであったが、これは世界の海戦史上最後のものである。斬り込んだ隊員のほとんどは、「甲鉄」艦上の機関銃の射撃に倒れ、あわよくば艦を奪取しようという企図は、砕かれたのである。

榎本軍の軍艦と新政府軍の軍艦の最後の戦闘は、五月上旬、箱館港で行なわれた。「回天」は「甲鉄」の砲弾に機関を砕かれ、新政府側の「朝陽」は、「蟠龍」の砲弾を受けて火薬庫が爆発するなど、一応の海戦らしい海戦が行なわれている。しかし、弱体な榎本軍の艦隊はここで撃滅され、明治維新の一連の戦闘が終わったのである。

海軍がイギリス式軍制を採用することになってからは、イギリス海軍から多数の教官が日本に派遣されてきた。とくに海軍兵学校の前身である海軍兵学寮の教官としてやってきたドーグラス少佐一行の影響は強く、海軍を用語までイギリス一色にした。

明治初期、藩としてイギリス式を採用していた薩摩の出身者には、海軍に入ったものが比較的多く、後年、薩の海軍といわれる基礎を作った。薩摩出身の東郷平八郎元帥は、海軍操練所を卒業したのちにイギリスに留学しており、同じ出身の山本権兵衛首相も、ドーグラスに指導された時代の海軍兵学寮を卒業している。

海軍の軍備は、人はそれほどでもないが、物に金がかかる。新政府は国内治安維持軍である陸軍だけではなく、対外的軍備の中心になる艦隊建設の必要性を認めてはいたのであるが、ない袖は振れなかった。海軍省発足直後の明治五（一八七二）年末の軍艦保有量は、明治元年よりも減って十四隻、一万二千トンにすぎなかった。兵員も千七百余名であって、陸軍の十分の一であった。

初代海軍卿に就任した勝海舟（当時安芳）は、かねてからの海軍立国論者であり、このような海軍を整備するために、十八年間に甲鉄艦二十六隻をふくむ百四隻を建造する案を提議したが、財政が許すはずもなかった。軍艦一隻を建造するのに百万円が必要であった時代に、陸海軍を合わせた年間経費は、一千万円余であったのであり、最初から無理な計画であった。勝には、このような理想主義傾向が強いところがある。

そのような事情の中で、明治八（一八七五）年には朝鮮の江華島事件が起こり、明治十五年、十八年の京城事変にも軍艦を派遣するという事態が生じてみると、海軍の整備をなおざりにしていたことへの反省が生じてきた。

とくにこれら事件の背後にある清国を、仮想敵と考える必要が生じて、ついに明治十六（一八八三）年には、八年間の予定で、新艦製造費二千四百万円を支出することになった。対清国軍備は当時の急務になっていたのであって、陸軍も明治十七年から徴兵数を増加するなど、軍備の拡充に努力している。

明治十九（一八八六）年には海軍の拡張のための海軍公債の発行が認められ、第一期軍拡がはじまった。しかし、明治二十三年に帝国議会が開かれてからは、拡張の抑制が行なわれる傾向があった。それでも明治二十七（一八九四）年の日清海戦時には、軍艦三十一隻、水雷艇二十四隻、計六万三千トンを保有していたのであって、清国の軍艦八十二隻、水雷艇二十五隻、計八万五千トンに対抗できる勢力になっていた。

これだけの兵力をそろえて清国に対した日本は、明治二十七年九月の黄海海戦に勝って制海権を手にし、その後の陸戦の勝利の因を作ったのである。

この黄海海戦に参加したのは、伊東祐亨聯合艦隊司令長官指揮下の常備艦隊十隻である。別に樺山海軍軍令部長座乗の西京丸と砲艦「赤城」が随伴した。対する清国海軍は、軍艦十四隻、水雷艇四隻であり勢力は伯仲していた。しかし、速射砲の発射速度と射撃の正確性に優る日本側が、先制の利をえて、勝利を手中にした。ここでは、大艦巨砲が絶対ではなかった。

この海戦で活躍した常備艦隊は、当時の日本海軍の主力であり、これに西海艦隊と対馬の水雷艇を加えて、聯合艦隊を臨時に編成して戦っている。聯合艦隊が常備の編成になったのは、大正十一（一九二二）年からのことである。

艦隊・聯合艦隊の名称が臨時のものであるにせよ、使用されはじめたのは、明治十七（一八八四）年である。実際に常備艦隊が置かれたのは、五年後の明治二十二年七月であり、井上良馨少将が初代司令長官に補せられた。なお常備艦隊は、日露開戦前年の明治三十六（一九〇三）年から、第一艦隊、第二艦隊のような、ナンバー名称になっている。

明治五（一八七二）年に海軍省が発足したとき、その管轄下にあった組織は、五局以下の役所と学校および提督府であった。提督府は艦船を指揮したのであり、これが明治九（一八七六）年には、東海（横須賀）、西海（長崎）の両鎮守府に発展し、さらに明治十九年には、五海軍区の警備をそれぞれ担当する五鎮守府にまで発展した。

鎮守府というのは、陸軍の鎮台同様の軍の地方役所であり、学校や病院、造船所などの海軍の各組織を管轄した。艦船も、常備艦隊が編成される以前は、すべて各鎮守府司令長官が、指揮したのであった。

各鎮守府が開設されたのは、旧東海鎮守府から名称をかえた横須賀は別として、呉と佐世保が明治二十二（一八八九）年、舞鶴が明治三十四（一九〇一）年である。予定ではあと一つ開設されることになっていたが中止され、軍縮時代には、舞鶴も要港部に格下げされた。

海軍陸戦隊

現在米国、ソ連をはじめとして、海兵隊をもっている国は比較的多い。イギリスも昔から海兵隊を持っており、海兵隊では元祖的存在であった。このイギリスに学んだ日本の海軍も、発足当初は海兵隊をもっていた。しかし、小規模の海軍には、海兵隊という特別の組織は必要がなかったためか、明治十一（一八七八）年に廃止された。

海兵隊は海兵という、水兵とは別の組織に所属し、別の服装をした兵員で構成されるものであって、水兵により臨時編成される陸戦隊とはちがう。この海兵隊廃止後の日本海軍には、陸戦隊は置かれても、海兵隊は二度と置かれなかった。ただし前大戦中に置かれた特別陸戦隊は、ほとんどが陸戦専門の部隊になっていたのであり、海兵隊に近い存在であった。

明治五年の海軍省発足後まもなく、海軍砲歩兵隊が設けられた。それまで水勇と呼ばれていた海兵隊の兵は、海軍砲兵または海軍歩兵になった。階級呼称は、一等歩兵とか二等砲兵のように、陸軍に近いものになった。下士は曹長、軍曹、伍長であり、士官も大佐、中尉、少尉であって陸軍と同じである。

海服装も陸軍に似たところがあり、楽隊、鼓隊などがあるところも、陸軍同様であった。海兵隊士官のみを養成する、海兵士官学校も設けられたのである。しかし、明治九（一八七六）年に、海兵部の士官の制度を廃止したため、生徒は海軍兵学校に移籍され、学校は廃止された。この改定は、日本の事情を考えた改定であったといえよう。

明治八年の江華島事件のさいには、軍艦「雲揚」に所属する海兵隊員二十余名が、出動上陸した。これが対外的な最初で最後の出動であり、朝鮮草芝鎮砲台を破壊している。

海兵隊廃止後は、必要のつど軍艦乗組員を選抜して、陸戦隊を編成し行動させたのであり、日清戦争のときには仁川で、軍艦「八重山」の乗組員で編成した四百余名が、最初に行動している。陸軍兵が遼東半島に上陸したときは、五十数名の陸戦隊が編成され、上陸地花園口の警備にあたった。また陸戦の進展後、三百余名の四艦聯合陸戦隊が、戦闘に加わったりもしている。

日露戦争のときにもっとも活躍した陸戦隊は、大連に上陸させた、七百余名の海軍重砲隊であった。この部隊は二〇三高地攻撃に加わり、高地陥落後、旅順港内のバルチック艦隊を砲撃して、港内で無力化している。陸軍の要塞砲も射撃に加わっているが、軍艦を相手の射撃では、海軍砲の方が、威力を示したといわれている。

このような軍艦乗組員による臨時の陸戦隊のほかに、鎮守府などで特別に編成し、長期にわたって行動した特別陸戦隊がある。明治三十三（一九〇〇）年の北清事変のさいに、佐世保で編成され、天津に派遣されたのが初めてである。その派遣前には、軍艦「愛宕」と「笠置」の乗組員で編成した陸戦隊が、行動していたのであり、これを増強したのである。人員は、野砲二門装備の三百名であった。このときは、諸外国の陸戦隊とともに義和団を攻撃し、太沽砲台の占領に、偉功をたてている。

特別陸戦隊の行動としてとくに有名なのは、昭和六（一九三二）年の第一次上海事変である。日本人僧の殺害をきっかけにして起こった戦闘は、当初は、上海駐留の特別陸戦隊三千名と、中国十九路軍三万名との間の戦いであった。

その後、日本本土から、第九師団以下の陸軍部隊が増派されて、日本側の戦勢は優勢になったが、陸戦隊の戦死者は、百十八名に達していた。

この事変直後に、上海海軍特別陸戦隊が常続性のあるものとして正式に編成され、少将または大佐を長とする、兵員千四百名の聯隊規模のものになったのである。この陸戦隊員であった大山海軍大尉が、昭和十二（一九三七）年に市中で殺害されたことが、第二次上海事変の発生と、日華事変の中国全土への拡大の契機になっている。

特別陸戦隊は、戦争の進行とともに各地に編成された。昭和十七（一九四二）年一月のセレベス島攻略のさいは、特別陸戦隊が上陸作戦に加わる一方では、横須賀第一特別陸戦隊がメナドへの落下傘攻撃を行なっており、その活躍は、独立の海兵隊といってもよいものであった。

臥薪嘗胆

明治二十八（一八九五）年四月十七日、下関で日清間の講和条約調印が行なわれた。主な内容は、朝鮮が独立国であることの承認、清国が遼東半島、台湾などを日本へ割譲すること、清国の日本に対する賠償金の支払いの三点である。

この戦勝に沸く日本は、それから三日後に突然、冷水をあびせられた。ロシア、ドイツ、フランスの三国が条約内容に干渉し、遼東半島を返還するように、要求してきたからである。武力を背景とするこれら各国の圧力に対して、当時の日本はこれをはね返す力をもたず、涙を飲むよりしかたがなかった。これを契機に国民は、臥薪嘗胆の相ことばのもとに富国強兵に努め、対ロシア戦備は急伸展したのである。

日清戦争に参加した陸軍の兵力は、近衛師団をふくめて七個師団、二十四万名である。海軍は、六万三千トンの艦艇と一万六千名の兵員が参加している。

〔明治21年制定の師団の平時編制〕

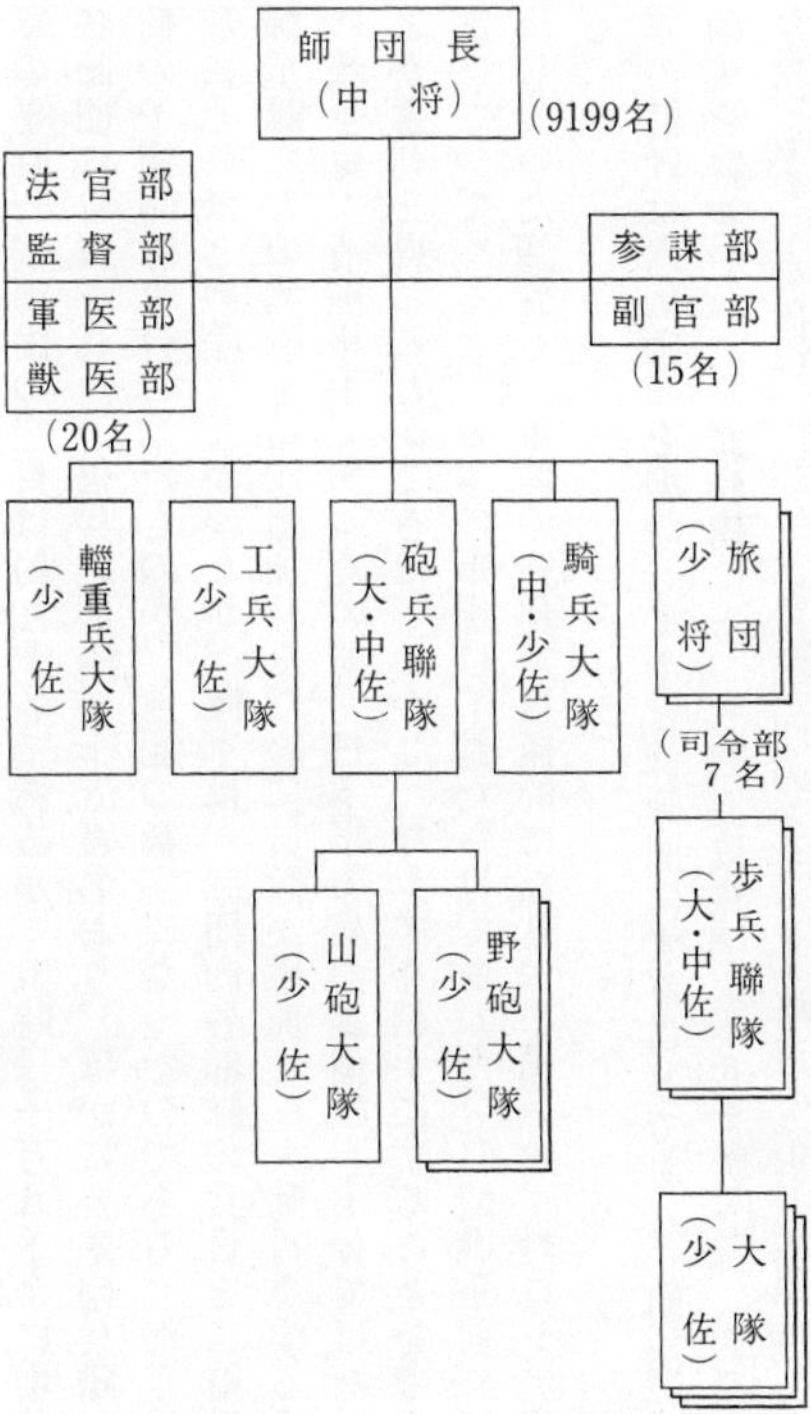

（注）　歩兵大隊は４コ中隊、中隊136名
騎兵大隊は３コ中隊、
砲兵大隊は２コ中隊、中隊111名
砲数中隊６門
工兵大隊は３コ中隊、中隊126名
輜重兵大隊は３コ中隊、中隊290名

陸軍の平時一個師団の定員は約九千名であるが、戦時は一万八千余に増強された。そのほかに各師団に付属された通信兵站部隊が千五百名おり、ほかに要塞砲兵隊、対馬警備隊、本土守備の予備諸隊を合わせたものが、前記の数字になったのである。海軍は平時と戦時で、兵員数にそれほどの差はなかったが、陸軍は、師団内各部隊の兵員を二倍近くに増強したうえ、輜重隊などの諸隊も編成追加したために員数が増加し、大動員をする必要があった。

この戦争は、清国相手であったので、日本軍の兵力装備は不十分ではあったが、それでもなんとか勝利を得ることができた。しかし、ロシアを相手にすることを考えなければならない状況になってくると、日本の軍備は不備だらけであった。日清戦争前には何度も軍拡予算を否決していた議会も、軍備の強化に積極的になり、挙国一致、対ロシア軍備を推進したのである。

陸軍の計画は六個師団を増設して十三個師団にすることであり、明治三十一（一八九八）年に編成を終わった。また台湾にも、三個混成旅団（歩兵を核にし、少数の砲・工部隊と後方機能をもつもの）を置いている。増設師団のうち、北海道の第七師団は、屯田兵を改編したものであったが、しだいに現地の徴兵に置きかえられていった。各師団の内容も改善され、騎兵、砲兵各二個旅団（各旅団は砲兵は四個聯隊、騎兵で三個聯隊、騎兵聯隊は六百名）を新しく付加した。その他の部隊も兵員が増加されている。

このような拡張を計画し指導したのは、桂とともにドイツ軍制を推進してきた、川上操六参謀本部次長であった。川上は明治十七、八（一八八四、八五）年の大山陸軍卿の欧米視察に桂とともに随行し、ドイツ式の作戦運用に詳しかった人である。日露戦争に備えての軍備

〔明治32年戦時編制〕

部隊		(人)	(馬)	
師　団				
師団司令部		230	120	
歩兵旅団		5,857	433	
旅団司令部		19	11	
歩 兵 聯 隊		2,919	216	
騎兵聯隊	(甲)	724	679	(4コ中隊)
	(乙)	519	484	(3コ中隊)
野砲兵聯隊		1,190	1,047	(野砲装備)
		1,369	782	(山砲装備)
工兵大隊		788	110	
架橋縦列		345	216	
弾薬大隊	(甲)	741	562	
輜重兵大隊	(甲)	1,530	1,186	
衛 生 隊		487	60	
野戦病院		104	28	

合計　約18,360　　　　　　馬 5,020

～18,400人　　　　　　～5,490頭

拡張には、大きな功績を残したが、自身は開戦にいたる前の明治三十二年五月、参謀総長としての激務による疲労が重なって、死去した。

海軍の軍備強化は、人の面よりも物の面の方が重要である。軍艦を取得するためには、多額の予算が必要になる。日清戦争から日露戦争の間の海軍の年間経費は、日清戦争直前の五倍にも六倍にものぼった。

海軍はそれまでの軍艦建造計画に改定を加え、二十九年度から十年間の継続事業として、戦艦六、装甲巡洋艦六を基幹とする艦隊の建設に着手することになり、二億一千三百万円の予算を計上した。この金額は、現価にすると八千億円前後になると思われる。取得予定艦船数は百三隻、十五万三千トンである。

この計画によって建造された艦船が、日露戦争の主力艦になったのであり、甲鉄戦艦四隻のうちの「三笠」は、日本海海戦の旗艦になった。ほかに一等巡洋艦六、二等巡洋艦三、三等巡洋艦三をはじめ、多くの駆逐艦、水雷艇などが建造されている。砲戦に威力を発揮した下瀬火薬の製造所も、この計画で作られている。

それら主力艦は、残念なことにほとんどがイギリス製であり、三等巡洋艦以下のいくつかが、国産されたにすぎず、その点では後進国の軍備であった。しかし、日清戦争時の準備状況と比べると、比較にならない進歩である。

日清戦争前には、新鋭艦の取得を計画してはいたものの、戦争にようやくまに合ったのは、チリから購入したエスメラルダ（巡洋艦「和泉」）と、イギリスで建造した砲艦「龍田」だけであった。それも海戦には参加していない。そのほかにも、イギリスで建造中の戦艦一隻、砲艦一隻、国内で建造中の巡洋艦、水雷艇など二万トン余りがあり、日露戦争の準備は、それらを土台にしてはじめられていたのであった。ほかに清国からの戦利品として取得した艦艇一万七千トンもあったが、老朽艦は、日露戦争時にはあまり役にたたず、日清戦争後に取得した艦艇が、日本勝利の原動力になったのである。

こうして準備をととのえた日本海軍は、日露開戦前の明治三十六（一九〇三）年末には、二十五万トンあまりの艦艇を有し、日清戦争直後の三倍以上に兵備を拡張していた。これはロシアの五十一万トンにはおよばないが、米、独、伊などに比肩する量である。質的には新造艦が多く、ロシアの太平洋艦隊十九万トンには、優位を占めたのであった。多い年には国庫歳出の四分の一を投じて、建艦しただけのことはあった。

これらの艦艇は、明治三十六年に第一・二・三艦隊に三区分編成され、日露戦争に備えた。この艦隊のうち、第一、第二両艦隊は、聯合艦隊として東郷第一艦隊司令長官兼聯合艦隊司令長官の指揮下に置かれた。第三艦隊も、日本海海戦の前には、聯合艦隊に加えられている。兵員は、海軍総員三万五千名のうち、半数がこれら艦隊に乗り組んでいる。

このような聯合艦隊の編制は、当時はまだ臨時のものであったのであり、正式化したのは、大正三（一九一四）年になってからである。また平時に聯合艦隊が常備されるようになったのは、大正十一（一九二二）年であった。

日露戦争後の軍拡

日露戦争に勝ったのちも、日本の周辺から脅威が去ったわけではなかった。このため陸海軍ともに、軍備にはいっそうの力を入れた。しかし、陸海軍それぞれが、関係なしにばらばらの軍備を進めることは適当ではない。これを統一するための方針があった方がよい。そこで明治四十（一九〇七）年に帝国国防方針が定められ、仮想敵としての第一番はロシアと示された。第二番以下は、米、独、仏の順である。

また、この方針によって、国防を行なうために必要な整備すべき兵力は、陸軍二十五個師団、海軍は戦艦八隻（新造三隻、二万トン）、装甲巡洋艦八隻（新造四隻一・八万トン）のいわゆる八・八艦隊であるとされた。陸軍がいぜんとして、ロシアを仮想敵視していたのに対して、海軍が、アメリカを仮想敵にしていた不一致については、前に述べた。

国防方針決定の必要性を先に言いだしたのは陸軍であり、参謀本部作戦課の田中義一中佐がその中心人物であった。海軍でもその必要性については、佐藤鉄太郎中佐などによって論じられていたのであるが、陸軍のロシア第一の考え方とは相違していた。

このような相違を一致させることは不可能であり、田中は天皇の力を借りて、しいて陸海軍の統一綱領を作ろうとしたのであった。田中起草の原案に、山県元帥が手を加えて、山県が元帥としての立場で天皇に奏上しているが、天皇は再び元帥府に検討させ、陸海軍の妥協の産物として、ロシアもアメリカもどちらも仮想敵として示されることになったのである。

強力なリーダーシップを発揮された、明治天皇の時代でさえこうである。対立する組織を融合させることは、日本ではむりなのであろうか。陸軍がつねに北を向き、海軍は南を向いているという後年にいたるまで変わらなかった陸海軍の姿勢と、そこから生ずる不具合、不経済性は、このときにはじまっている。

〔日露開戦時の両艦隊の編制〕

日　本　艦　隊

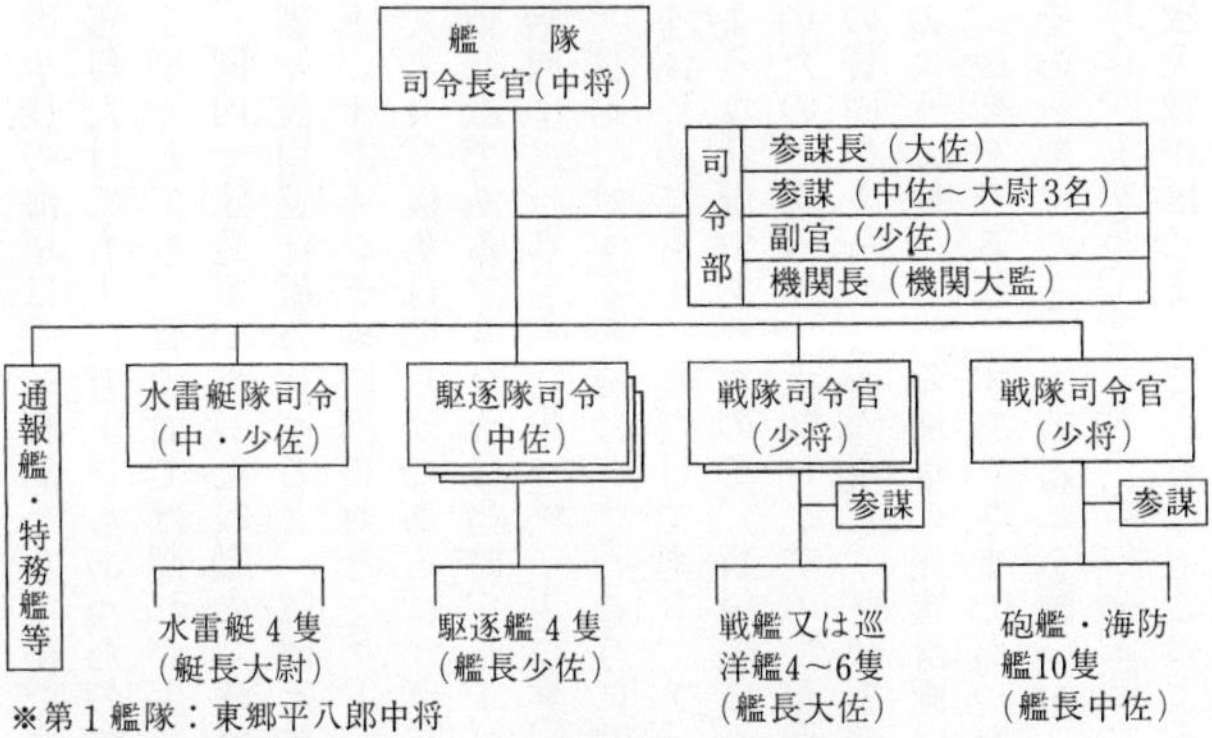

※第１艦隊：東郷平八郎中将
　第２艦隊：上村彦之丞中将
　第３艦隊：片 岡 七 郎中将

※戦艦定員は約350名
　巡洋艦定員は約200名

ロシア太平洋艦隊

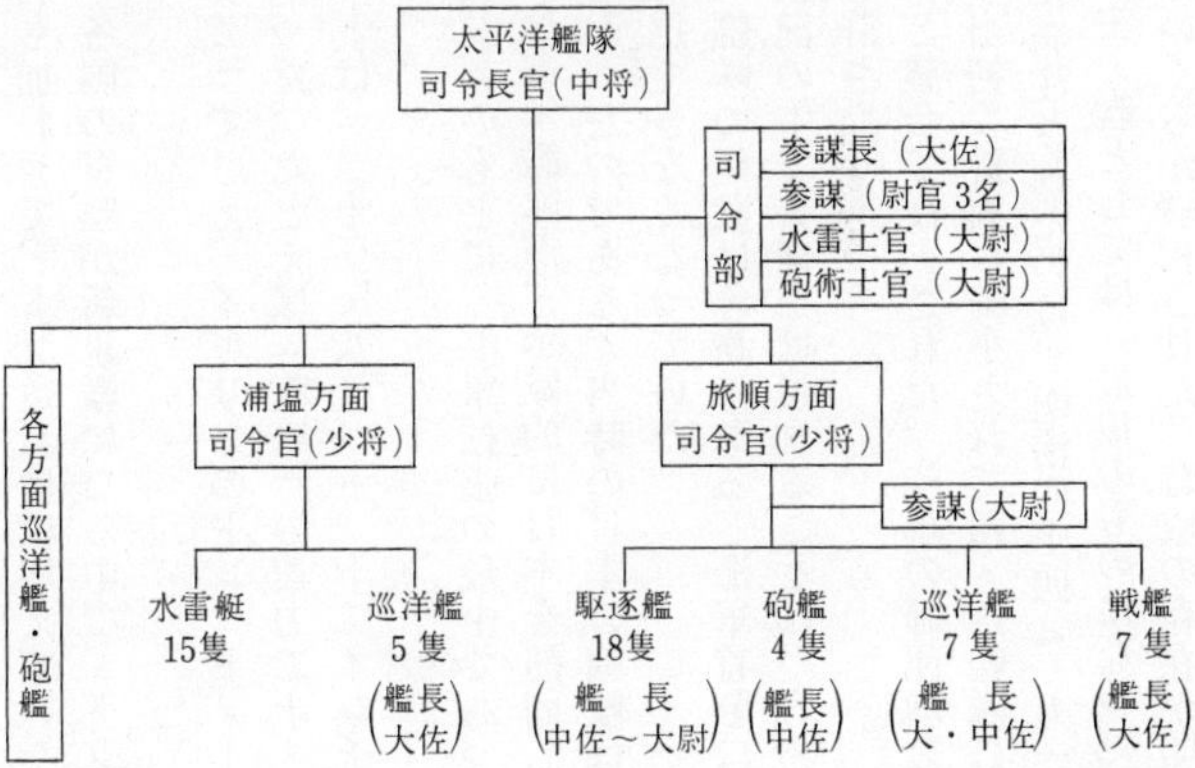

日露戦争後の海軍は、戦利品として得たロシア艦艇も加わって、トン数だけは増えていた。ロシア艦艇だけでも十四万トンもあったのであるが、各国の軍艦が新鋭艦になる中で、トン数だけを増やしても、質の面では遅れが生じていた。

当時、国内で建造中であった戦艦の「薩摩」や「安芸」でさえ、イギリスのドレッドノート型戦艦や装甲巡洋艦と比べると、二流艦でしかなかった。たとえば「薩摩」の速力二十・五ノット、十二インチ砲四門に対して、ドレッドノートは、二十一・八ノット、十二インチ砲十門であり、優劣は明らかである。

また仮想敵であるアメリカは当時、ルーズベルト大統領のもとに、海軍拡張の最中であった。明治四十（一九〇七）年には、十六隻の戦艦からなる米艦隊が、示威的に日本を訪問している。日本に対する脅威は、いっこうに減っていなかったのである。当時の日本の戦艦は、戦利艦をふくめても十一隻だけであり、アメリカに対抗できなくなっていた。

このような状況であったので、新鋭艦による八・八艦隊の建設は急務であると海軍首脳は考えていたのであるが、大敵ロシアの力が弱まった状況の中で兵備を拡張することは、容易に世論の賛同をえられなかったし、財政事情もこれを許さなかった。

毎年のように提出される海軍の充実計画は、そのつど議会で修正された。陸軍の師団増設計画は、政変をひき起こすありさまであった。海軍の当初の計画は縮小されて四・四艦隊になり、その一部になるべき戦艦「金剛」がイギリスに発注されたのは、明治四十四（一九一一）年になってからであった。この「金剛」は外国製主力艦としては、最後のものになった。

第一次大戦がはじまってからは、このような事情はいくらか緩和された。脅威の存在が明らかになり、一方では財政状況がやや好転したためである。大正六（一九一七）年には、八・四艦隊の予算が議会で承認され、つづいて翌年に八・六艦隊、大正八年には八・八艦隊の予算が認められた。

海軍はこれだけではあき足らず、八・八・八艦隊の建設を計画していたのであるが、これは容易な目標ではなかった。これを推進しようとしていたのは、のちに二・二六事件に倒れた斉藤実海相と次代の加藤友三郎海相であった。

陸軍の二十五個師団計画の実現は、海軍の計画実現よりも、もっとむずかしかった。日露戦争中に師団数は十七に増え、これにともなう学校など、他の部隊機関も強化されてはいたが、それ以上に増強することはむずかしかった。戦後の復員にあたって、陸軍は現状維持を図り、なんとか十七個師団を残したのであるが、そのあとは、明治四十一年に二個師団が増えただけであった。

明治四十三（一九一〇）年の韓国併合にともない、朝鮮防備を強化するために、さらに二個師団を増設しようとしているときに、これをめぐって大正二（一九一三）年の政変が起こった。桂首相はデモと暴動によって辞職に追い込まれ、あとを襲ったのが、海軍の山本権兵衛大将であった。このため陸軍の増師は保留の形になり、第一次大戦開戦後の大正四年まで待たなければならなかったのである。

この当時の師団内の編成は、日露戦争当時とほとんど変わっていないが、一部の師団に航空大隊や鉄道聯隊、電信聯隊、気球隊、自動車隊など、近代的な部隊が付加された点に特徴がある。こうして強化された二十一個師団体制が、平時陸軍の最大の兵備になったが、これも長くはつづかなかった。

軍縮

ワシントン軍縮会議の専門委員になった加藤寛治海軍中将に対して、東郷元帥はポツリといった。

「訓練に制限はあるまい」

〔軍縮前と第2次大戦前の兵力〕

国名	大正九年末		昭和九年末	
	陸軍兵員数	艦艇トン数	陸軍兵員数	艦艇トン数
イギリス	三〇万人	一六一万トン	三五万人	一三九万トン
フランス	八二	四七	六〇	六六
アメリカ	一五	一三二	一四	一四三
ドイツ	一〇	一五	五五	一三
ソ連	六〇	三八	一六〇	二八
日本	三五	八九	三五	一一五

この会議の当時、戦艦「陸奥」は進水したばかりであった。この艦は、のちに聯合艦隊の旗艦になった「長門」とともに、大艦巨砲の象徴になったが、軍縮の結果、廃棄される候補艦としてあげられていた。しかし日本が、小笠原諸島などの防備制限を受け入れ、対米六割の主力艦制限をのむことで、ようやく廃棄をまぬかれた。

この会議の日本全権委員は、海軍大臣の加藤友三郎大将である。かれは、日本海海戦のときは、東郷の参謀長であった。東郷の訓練第一主義を受け入れたのか、ワシントン軍縮協定は、かれの手で成立した。それまで海軍大臣として、八・八・八艦隊の実現に努力してきただけに、残念ではすまされない気持であった。その心労のためか、翌年八月に急死している。

第一次大戦の間に膨張していた各国の軍備は、戦後の各国の財政を圧迫した。とくに英米日三国の間の建艦競争が激しく、しだいに軍縮協定の必要性が生じてきていた。

大正十（一九二一）年末にワシントンで開催された会議は、主として、このような問題の解決が議題になったのであり、ワシントン条約と呼ばれる海軍軍備制限を主たる目的とした条約として結実した。締結日は十一年二月六日、制限の対象になる国は、英米日仏伊の五ヵ国である。

これによって、主力艦と航空母艦の制限基準排水量が表のように定められ、これを越える現有量分の軍艦が、廃棄処分されることになった。

当時の日本の主力艦は戦艦十一隻、二十八・五万トン、巡洋艦七隻、十五・三万トンであり、そのほかに起工、建造中の戦艦二隻、巡洋戦艦四隻があった。これらのうち戦艦四隻、巡洋戦艦三隻が廃棄されることになり、解体されたり、実験標的にされて海没したりした。

空母は水上機母艦として第一次大戦の青島攻略にも参加した「若宮」があるだけであり、「鳳翔」が正式空母として船台に乗っていた。やはり戦艦、巡洋戦艦として建造中であった「加賀」「赤城」は、廃棄される運命にあったのであるが、空母に改装することによって廃棄をまぬがれ、わが国で初めての、空母戦隊の構成艦になった。

以上のほか、七千トン以上の一等海防艦十五隻も条約対象艦になっており、四隻を廃棄することになったのであるが、その中に日本海海戦の旗艦「三笠」がふくまれていた。しかし、この「三笠」は、特別に記念艦として横須賀軍港に繋留することが認められ、今日にいたっている。もっとも、関東大震災のときに破損して、その後は周囲を固定して動けな

〔ワシントン条約制限〕

国名	主力艦制限	空母制限
イギリス	五二・五万トン	一三・五万トン
アメリカ	五二・五	一三・五
フランス	一七・五	六・〇
イタリア	一七・五	六・〇
日本	三一・五	八・一

くし、大戦後の占領下には武装をはずして、米軍のダンスホールに使われたりしている。

ワシントン会議の議題は、海軍軍縮だけではない。太平洋および極東問題がとりあげられ、軍備制限はその一環であったが、結果的には軍縮会議のようになった。

この会議は、米英両国が日本を、太平洋、極東方面で抑えこもうという意図をもって招集したものであり、日本は、なんとか米英に対抗できる軍事力を保有しようとして、討議の火花を散らしたのであった。しかし、日本は米英の駆け引きに太刀打ちできず、強硬に主張した主力艦対米七割の線を守れずに、六割に後退して妥結した。

太平洋での海軍基地の建設にはやや主張が認められ、また最新鋭の戦艦「陸奥」の廃棄はまぬかれたのであったが、失ったものの方が大きかった。全権代表加藤友三郎は、海相として計画推進してきた八・八艦隊を、六・四艦隊に縮小する破目になり、その後も首相兼海相として、会議の後始末をしなければならなかった。

ワシントン会議での軍縮問題は、海軍だけのことではなく、陸軍についても取り上げられたのだが、こちらの方は特別の成果がなかった。毒ガスの禁止が、潜水艦の無差別商船攻撃の禁止とともに議題になり、一応の条約になったのであるが、批准はされなかった。改めて条約化され、効力が発生したのは、六年後であった。

陸戦については、各国の合意をうることが困難であったのである。しかし、世界的な陸軍軍縮があろうとなかろうと、日本が陸軍を拡張することは、財政的に困難になっていたのであり、国内的な理由によって、陸軍も海軍とともに軍縮を行なった。

軍縮前の大正九、十（一九二〇、二一）年の日本の政府支出は、四十八パーセントが軍事費であった。その三十パーセント分が、八・八艦隊建設中の海軍経費であったが、陸軍も十八パーセントをえており、少ないとはいえない。この軍事費総額は、米国の三分の一にあたっていたが、国民所得では、日本は米国の十分の一に満たず、過重な負担であることは、明らかであった。

〔大正11～14年軍縮整理兵員表〕

区分	整理人員			計
陸軍	将校・同相当官 約2,500		准士官以下 約91,000	約93,500
海軍	士官 916	特務・准士官 414	下士官兵 10,791	12,121

当時の日本の国民所得は国民一人当たりでは二百二十円足らずであり、現価に換算すると二十万円にもならない。現在の額の十分の一以下であって、そのような経済状況の中では、軍事費よりも生活費という要求は起こりやすかった。日清戦争後のような外国の脅威が、存在しなくなっていた当時の状況では、当然のことであり、軍人は軍服では外を歩けないというような時代が、はじまっていたのである。

日本に対するロシアの圧力は、第一次大戦中の共産革命の結果、いちじるしく低下していたのであって、この面からも、陸軍は海軍同様に軍備を縮小すべきであるという声を、拒否できなかった。加えて、首相は海軍軍縮の加藤友三郎であり、陸軍軍縮は、海軍軍縮にあわせて、大正十一（一九二二）年から実施されることになった。

大正十一、二年の陸軍軍縮は、山梨陸相の下で行なわれて、山梨軍縮と呼ばれている。このときは、砲兵聯隊七、独立守備歩兵隊二のほか、大阪陸軍幼年学校や官衙若干も廃止された。ただし、それまで編成されていなかった野戦重砲兵聯隊二と、騎砲兵大隊が新設されている。この軍縮で整理された兵員数は、将校二千二百六十八名、准士官以下五万七千二百九十六名である。

つづく大正十四（一九二五）年の宇垣軍縮では、三万三千八百九十四名が整理されているが、宇垣軍縮の特徴の一つは、将校の整理が少なかったことである。これは、兵役の章で述べたように、将校の整理必要数に見合っただけの学校配属将校のポストが、新設されたことによるのである。

宇垣軍縮の重点は、兵員の削減よりも、四個師団の廃止による十七個師団体制と、これによって浮いた経費による、軍の近代化にあった。

第一次大戦は近代兵器による戦いであり、国家総力戦であった。飛行機、戦車、自動車などが活躍し、兵器を生産するために国民が動員され、これらの国民に対する空からの攻撃も実施された。日本は戦争に参加はしたが、極東ドイツ軍と小規模な戦闘を行ない、また、太平洋や地中海などに海軍の一部を派遣しただけであったので、このような戦争の変化に対応する軍備の変更は、不十分であった。

戦争中にヨーロッパに観戦武官を派遣したり、戦後、各国の軍備を調査したりした結果、軍備の近代化の必要性が、少しずつ認識されてきてはいたのであるが、そのための予算は認められなかった。そこで結局、師団数を減じて、飛行部隊や戦車部隊を編成することになったのである。

配属将校の制度も、単なる失業予定将校の救済策として登場したのではなく、近代戦での将校の損耗に対応する予備将校養成策として、欧米で行なわれていた制度を採り入れたのである。

宇垣軍縮は、多くの陸軍軍人から反発を受けたのであるが、結果的には、対米英戦争という近代戦を遂行するための、基礎固めになった。予算欠乏のため、近代化には限度があったが、この近代化策が行なわれていなかったならば、大戦の状況は、もう少し惨めなものになったにちがいない。とくに航空部隊を整備しておいた効果が、昭和十四（一九三九）年のノモンハン事件に現われているのであって、地上軍の惨敗に対して、空中では優位を占めたのであった。

同じことは海軍軍縮についてもいえたのであり、軍縮がなければ、戦艦を空母に改装することは考えもしなかったであろうが、軍縮のおかげで、空母戦隊が誕生したようなものであった。また空母にも制限が加えられた結果、かえって航空に対する関心が増し、陸上基地を使う航空部隊が、増設されたのである。

ワシントン軍縮では、巡洋艦、駆逐艦、潜水艦などの補助艦の制限については、合意にいたらなかったが、昭和六（一九三一）年のロンドン会議では、米英日の間の合意が成立した。これによって、日本の軽巡と駆逐艦は、対米七割、潜水艦は同等と定められたが、中心になる八インチ以上の砲を備えた重巡は、対米六割に抑えられた。アメリカはこれにより、重巡五万トンの新造が可能になったのである。

また、それまで制限対象外であった、一万トン以下の空母も制限されたが、航空機そのものは制限外であったため、その後は、陸上基地の航空隊整備にいっそう努力が向けられることになったのである。

航空部隊の整備

日本の航空の歴史は、明治四十二（一九〇九）年に編成された臨時軍用気球研究会にはじまる。この組織は最初、山本英輔海軍少佐が提唱したもので、長岡外史陸軍軍務局長を会長とする陸海軍合同の組織であった。メンバーは、陸海軍の佐尉官、技師、帝大教授などであり、田中館愛橘博士、日野熊蔵大尉、奈良原三次中技師など、後世、名を残した人々が参加していた。

この研究会の名称は、気球を研究する会のように見えるが、実際は飛行機研究の方に重点があった。当時の飛行機はまだ、実用になるかどうかが危ぶまれるような状況であり、予算を獲得するためには、気球を看板にした方がよかったのであるという。タテマエとホンネの使いわけは、いつの時代でも同じである。

日本の気球は、西南戦争のときに試作されて以来の歴史をもっていた。このときは実戦にはまに合わなかったのであるが、日露戦争の旅順攻略のさいには、実用に供されている。研究会は、名称が気球になっているので、初期には中野の陸軍気球隊に位置し、まもなく、所沢に飛行場を作って移転した。

所沢は、もと茶畑であったところ二十三万坪（七十六ヘクタール）を、坪当たり三十銭で買い上げて滑走路にしたのであり、その後、昭和二十（一九四五）年まで、飛行場として活用された。この滑走路で徳川大尉などが飛行をはじめたのは、明治四十四（一九一一）年であり、代々木演習場での初飛行の、翌年のことであった。

陸海軍合同ではじめた航空研究は、最初のうちは所沢で仲よくやっていたが、まもなく運用上の考え方の相違から、分離することになった。海上での行動を主とする海軍航空は、水上機の採用に熱意を示すようになって、所沢以外の、海に近い場所を探し始めている。

この火つけ役は、フランスで航空術を学んで帰った金子養三海軍大尉であった。明治四十五（一九一二）年に、横須賀軍港近くの追浜に場所を見つけて、水上機基地ができあがり、海軍は、陸軍とは別の道を歩くことになった。

わが国で初めて航空機が実戦に参加したのは、大正三（一九一四）年の青島攻略時である。陸軍は、臨時気球研究会の航空機五機で、臨時派遣航空隊を編成した。海軍も水上機母艦「若宮」に四機を搭載して、攻略に参加した。

陸海軍機ともに、湾内の敵艦や陸上部隊に対して、手動式で爆撃もしている。手動式爆撃というと聞こえはいいが、操縦席の横に紐で吊った爆弾を、紐を切り離して落下したという幼稚なものであり、もちろんあまり効果はなかった。

それでもこの出動の経験は、その後の航空の発展に役立ったのであり、陸軍は大正四（一九一五）年末に、気球、飛行機各一個中隊からなる航空大隊を所沢に設けて、近衛師団の交通兵団長の指揮下に置くまでになった。陸軍の航空教育は、当初はこの大隊で行なわれたのであり、初期の偵察学生には、後の杉山参謀総長も在籍した。

翌年、海軍の方も遅れじと、追浜の水上機で、横須賀海軍航空隊を編成した。海軍の航空教育はここで行なわれ、追浜は、海軍航空のメッカになった。

また陸軍は、大正八（一九一九）年にフランスから、フォール大佐以下五十七名を航空教育の教官として招き、第一次大戦の間に発達した航空技術を学んだ。海軍もやはり、大正十（一九二二）年にイギリスから、センピル予備空軍大佐以下三十名を教官として迎えている。

この年、海軍では、初の空母「鳳翔」が進水しており、航空の新紀元を迎えたのであった。これによって軍艦の艦内編制に飛行科が、水雷科や通信科と並んで加えられることにもなった。

なお、第一次大戦中の大正七（一九一八）年に、イギリスは空軍を独立させているが、日本でもこれに倣《なら》おうとする動きがでてきていた。陸軍航空本部長であった井上幾太郎少将が中心になって海軍にも働きかけ、陸海軍航空協定委員会を発足させてこの問題を討議したが、結果は不可であった。

とくに海軍側に反対論が強かったが、これは、海軍航空は艦隊に協力するものであり、独立させることによって、協力がうまくいかなくなるという懸念をもっていたからである。そのうちに、陸軍部内にも反対論が出てきて、空軍独立は結実しなかった。

しかし陸軍は大正十四（一九二五）年に、宇垣軍縮との関連もあって、航空兵科を兵科として独立させることになった。航空の独自性が認められたのであって、それまでの陸軍航空部が陸軍航空本部に昇格し、教育、装備など航空軍政の統轄機関になった。

海軍で同じような海軍航空本部が設けられたのは、昭和二年（一九二七）であり、どちらかといえば、海軍の施策は陸軍に遅れがちであった。

海軍航空隊は、最初に横須賀航空隊が発足したのちは、大正七年に佐世保に、十一年に霞ヶ浦と大村に新設された。

計画では大正十五年度までに十七個飛行隊を設置することになっていたのであるが、関東大震災の影響で予算に制約が生じ、計画に遅れを生じていたのである。昭和五（一九三〇）年になってようやく、館山航空隊が生まれ、翌年には呉にも開隊されて、計六個航空隊、十七個飛行隊がそろっている。

海軍航空が本格的に拡張されたのは、補助艦の制限を受けたロンドン条約調印以後であり、つぎつぎに計画が拡大修正された。この結果、ワシントン条約を破棄して無条約時代に入った昭和十二（一九三七）年十月には、陸上三十九個飛行隊の建設を終わっていた。一方、昭和三（一九二八）年に臨時編成で発足した第一航空戦隊（空母の「赤城」「鳳翔」）は、昭和七（一九三二）年には正式編制になり、飛行科の飛行長（中佐）の下に、二〜三の飛行隊（長は少佐）が置かれていた。

こうして昭和十二年末の海軍機総数は、一千三百五十一機になったが、そのうち、三隻の空母に搭載されていたのは、百二十機ばかりにすぎなかった。なお飛行隊が保有した飛行機数は、戦闘機または爆撃機の隊の場合で、常用十二機であり、飛行艇などの大型機は、四機であった。そのほかに、常用の半数の補用機を持っている。

陸上基地の海軍航空隊は、当初は各鎮守府の直属であったが、昭和十三（一九三八）年から、二隊以上で聯合航空隊を編成できるように規則が変わった。昭和十六年になると、実戦部隊として編成されていた特設聯合航空隊が、第十一航空艦隊と名称を改めて、聯合艦隊の指揮下に入り、ラバウルに進出している。

この十一航艦は、第二十一〜二十三の三個航空戦隊（長は少将）からなり、各航空戦隊は、二〜三の航空隊（長は大佐、約七百名）で編成されていた。

空母部隊は昭和十五（一九四〇）年十一月、第一〜三航空戦隊の三個編成になり、各戦隊は、空母二、駆逐艦二で編成されるようになった。これら空母戦隊は、翌年の開戦前に、第四航空戦隊を加えて四個戦隊で、第一航空艦隊に編成された。さらに昭和十七年には、艦隊名称から航空をはずして第三艦隊と改められ、十九年に第一機動艦隊になったのち、フィリピン沖海戦で囮部隊として壊滅した。

陸軍航空は、航空兵科が独立したのち、宇垣軍縮時の二個飛行聯隊の新編によって八個聯隊になり、この状態が昭和九年まで続いた。ただし中隊数は、十六から三十九に増加した。中隊当たりの機数は、初期には戦闘機十二機、偵察機九機であったが、のちにはそれぞれ十四機、十二機に増え、総計四百機を越えた。昭和十一（一九三六）年の拡充計画では、十八年までに百四十個中隊、約千機を装備しようとしている。

飛行聯隊は、大佐の聯隊長の下に二〜五個飛行中隊があり、中隊数が多い場合は、二個大隊に区分した。整備は中隊の整備兵と、中・少佐を長とする材料廠の整備隊が実施した。聯隊の人員は、六百名前後である。

昭和十一年には、航空部隊を統一運用するために三個飛行聯隊を集めて飛行団を作り、その上に軍司令官相当の、兵団長（のち集団長）を置いた。

大陸の戦闘では、航空部隊は機動性を発揮しなければならない場合が多かったが、それまでの聯隊編成では不便が多かった。そこで昭和十三年に、いわゆる空地分離が行なわれることになった。つまり飛行聯隊を飛行戦隊、飛行場大隊、航空分廠に分けたのである。

〔空地分離後の航空部隊〕

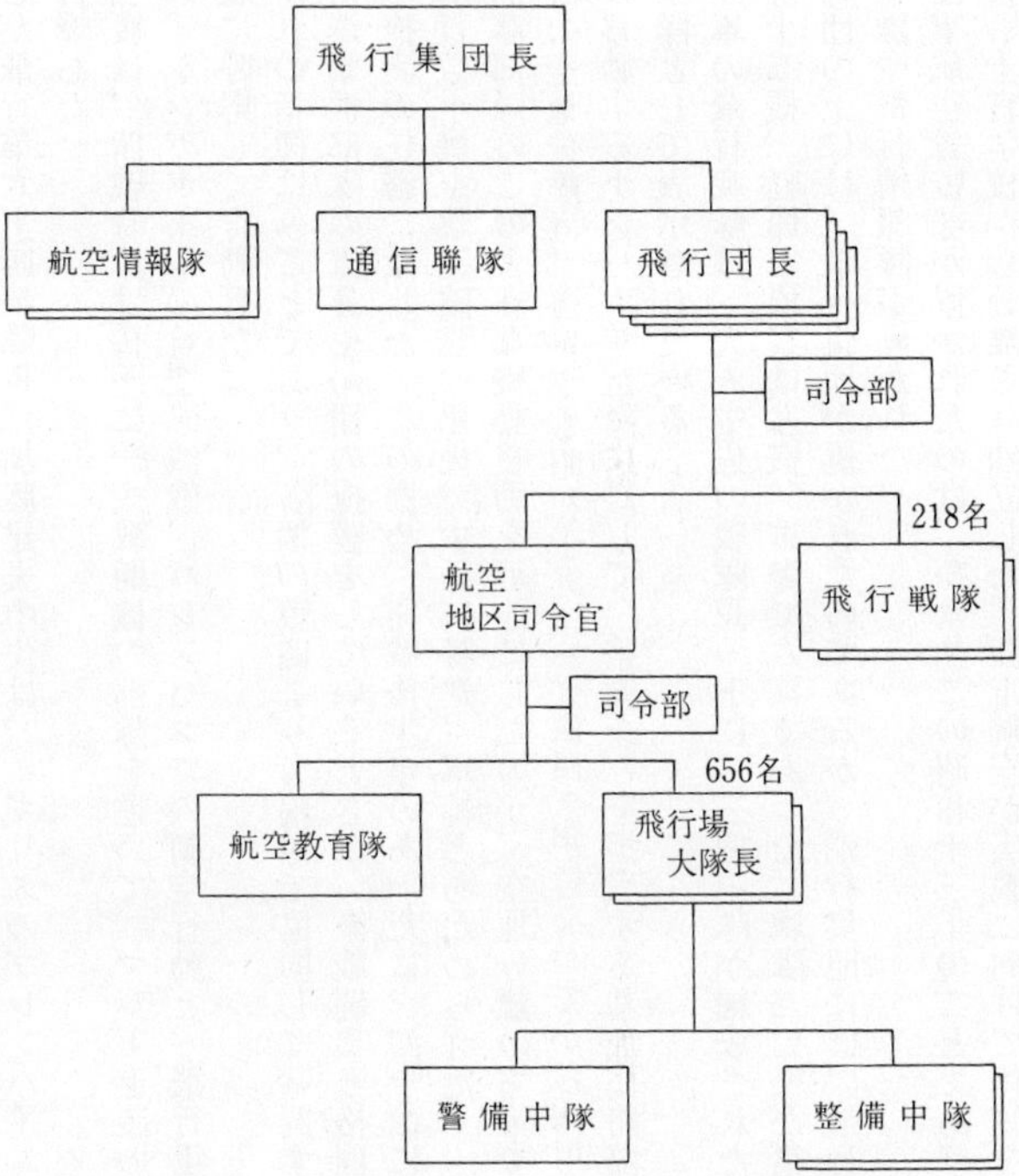

この結果、飛行場大隊と航空分廠は飛行場に固定され、飛行戦隊は簡単な整備を行なう機付兵とともに、自由に各飛行場間を移動することができるようになった。飛行場大隊は、整備修理と警備を担当し、航空分廠は、部品の補給や大修理を担当した。

昭和十七（一九四二）年五月二十二日、インドに近いビルマ沿岸のアキャブ飛行場を発進した飛行第六十四戦隊長、加藤建夫中佐は、イギリスのブレンハイム爆撃機と交戦し、被弾自爆した。

加藤は、開戦時には仏印に一式戦闘機の部隊を進めて、マレー上陸の山下兵団の援護を行ない、シンガポールの航空撃滅戦、パレンバンでの制空行動と、飛行場をかえながら、地上作戦に呼応して行動した。

かれの指揮はみごとであり、各個の戦闘よりも編隊で協同して戦闘することを重んじた。また爆撃機部隊の掩護や船団の掩護をしているときは、敵戦闘機と格闘戦に入ることを禁止し、掩護の任務に徹した。このため、開戦後半年のあいだに、四十機に満たない戦闘機で、敵二百数十機を撃墜破し、死後、少将に特進、軍神とあがめられた。

加藤部隊のこのような機動移動を可能にしたのが、空地分離の施策であった。

この空地分離は、海軍でも昭和十九（一九四四）年になってから採用された。基地間を自由に移動するナンバー航空隊に対して、整備などを担当する基地任務部隊は、地名を冠した航空隊として表示されている。

陸軍の飛行戦隊は、大・中佐の戦隊長の下に、三個中隊が編成された。各中隊の機数は、戦闘十二機、軽爆と偵察は九機、重爆で六機であった。戦隊二、三が集まって飛行団になり、飛行団の上には、飛行集団が置かれたのであるが、飛行集団には、飛行団のほかに、飛行通信聯隊や飛行情報隊が置かれた。

陸軍航空総監部が置かれたのは、やはりこの昭和十三年のことであり、この年、航空士官学校も士官学校から分離され独立した。陸軍航空が実戦に向けて体質を変えたのがこの年で

〔昭和18年5月以降航空隊編制〕

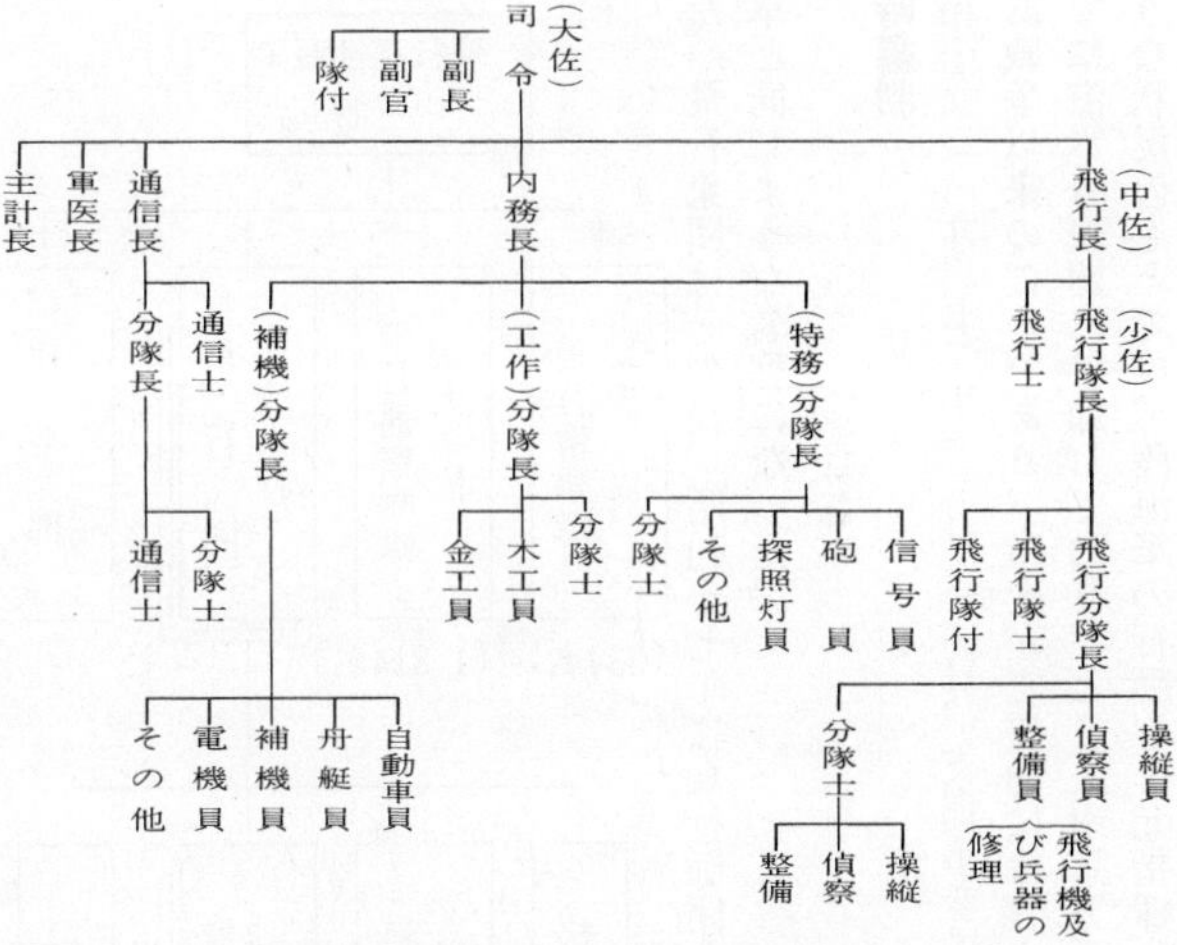
司令（大佐）
副長
副官
隊付
飛行長（中佐）
内務長
通信長
軍医長
主計長
飛行隊長（少佐）
飛行士
飛行分隊長
飛行隊士
飛行隊付
操縦員
偵察員
整備員
飛行機及び兵器の修理
分隊士
操縦
偵察
整備
（特務）分隊長
信号員
砲員
探照灯員
その他
分隊士
（工作）分隊長
分隊士
木工員
金工員
（補機）分隊長
自動車員
舟艇員
補機員
電機員
その他
通信士
分隊長
分隊士
通信士

〔昭和18年5月以降艦内の飛行組織〕

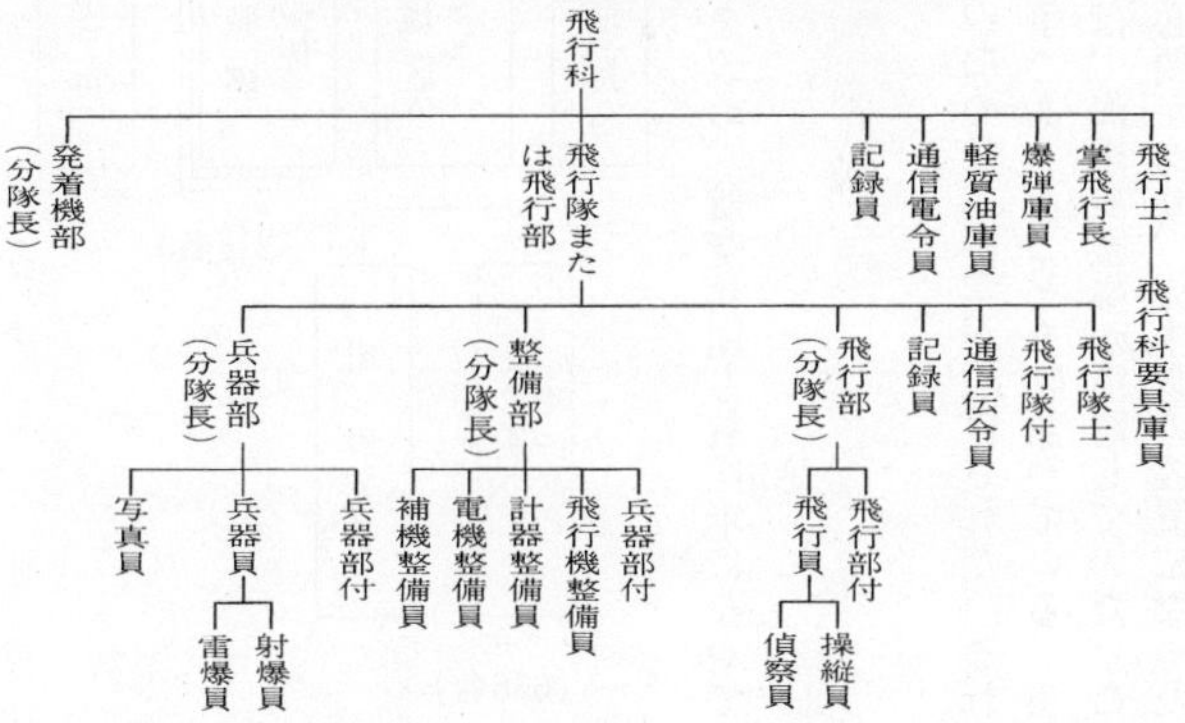
飛行科
飛行士
飛行科要具庫員
掌飛行長
爆弾庫員
軽質油庫員
通信電令員
記録員
飛行隊または飛行部
発着機部（分隊長）
飛行隊士
飛行隊付
通信伝令員
記録員
飛行部（分隊長）
飛行部付
飛行員
操縦員
偵察員
整備部（分隊長）
兵器部付
飛行機整備員
計器整備員
電機整備員
補機整備員
兵器部（分隊長）
兵器部付
兵器員
射爆員
雷爆員
写真員

〔昭和13年末の飛行集団〕

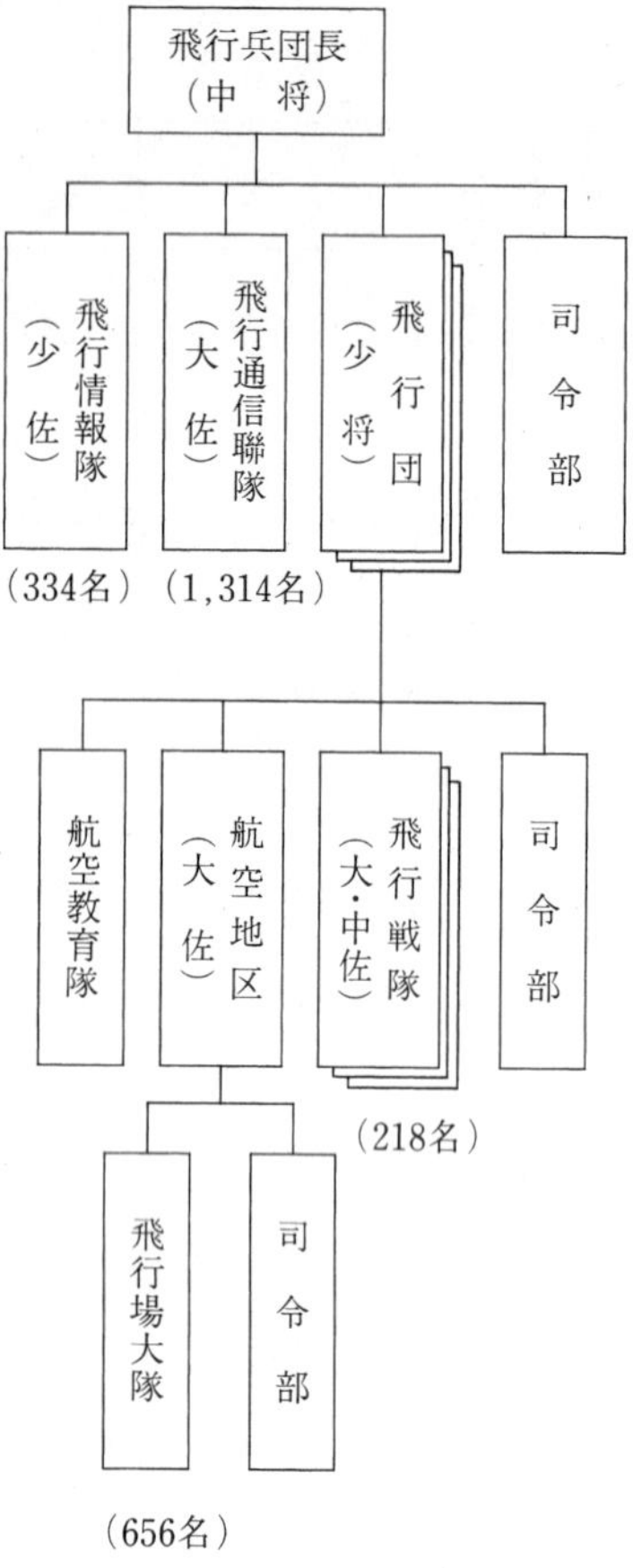

あった。飛行集団はその後、昭和十七年に飛行師団と名を改め、航空兵団も航空軍になって、地上軍と同じような名称になった。

戦時編制

昭和十二（一九三七）年十一月二十日、支那事変遂行のための大本営が設置された。これは日露戦争以来のことであり、事変が実質的には日中戦争であったことを物語っている。当時すでに海軍も戦闘に参加しており、とくに南京方面では、海軍航空隊が活躍していた。このような状況のもとでは、陸海軍の行動を一元指揮する必要があり、大本営の設置になったのである。

昭和十二年は、陸軍の本格的軍備充実が計画された初年度に当たっていた。そこに日華事変が起こったのであり、軍備改編は急ピッチで進んだ。

前述のように、航空の整備は比較的早くから行なわれたが、宇垣軍縮時のもう一つの目玉であった戦車、自動車による地上部隊の機械化の方は、あまり進んでいなかった。二個戦車聯隊が初めて編成されたのは、昭和八（一九三三）年であり、翌年、満州では、寄せ集めではあったが、初の車両部隊である独立混成第一旅団が編成された。この部隊は、結局、有効に使用されることなく、まもなく解隊されている。

このような情けない状態であったが、日華事変がはじまってからは、ようやく重い腰があがり、騎兵の装甲車部隊化（捜索隊化）に手をつけている。昭和十四（一九三九）年のノモンハン事件で、日本の歩兵はソ連の戦車隊に、完全に圧迫された。また欧州戦線では、ドイツの機甲部隊が大活躍した。

この教訓にようやく日本軍は目覚めたが、ときすでに遅かった。技術的に遅れていた日本の戦車は、太平洋戦線で、アメリカの戦車にまったく歯がたたなかった。昭和十五年には機甲本部が、航空本部同様の組織として編成された。また翌年には戦車と騎兵を合わせた機甲兵種も誕生したが、結局は、本格的な機甲部隊は誕生しなかったのである。

以上の措置とは別に、昭和十五年に師団の行動を軽快化するための、三単位化が行なわれた。これは師団から、歩兵聯隊と砲兵聯隊各一個を減じて、各三個聯隊編成にし、旅団を廃止して歩兵団、砲兵団にするものである。聯隊以下も三個編成になったのであり、歩兵聯隊

〔昭和16年初の師団等数〕

地域	軍			師団	独立歩兵団 混成旅団
内地			北部軍	2	2
			東部軍	3	3
			中部軍	2	2
			西部軍	2	2
属領			朝鮮	2	
			台湾		
満州	関東軍		第3軍	3	
			第4軍	1	
			第5軍	3	
			第6軍	2	
			直属	2	
支那	支那派遣軍	支那方面軍	駐蒙軍	1	1
			第1軍	3	4
			第12軍	2	3
			直属	3	4
			第11軍	8	3
			第13軍	4	4
			南支方面軍	5	1
大本営			直属	5	
計				53	29

は三個大隊、大隊は三個中隊で編成された。

ただし砲兵大隊は、二個中隊編成であり、このころには、工兵、輜重兵もいくらかは装備が進んで、通信隊、自動車中隊などの特種部隊をふくむ聯隊の規模のものになっていた。これらの聯隊も、やはり基本的には、三個中隊編成であった。

三単位化によって浮かせた歩兵聯隊と、旅団司令部の兵員で、別に独立歩兵団を多数設けたが、これは将来、師団に昇格させる含みがあった。この歩兵団に砲兵部隊などを付属させた独立混成旅団は、大戦中各地で活躍している。

この改編と同時に、それまではなかった平時編制の軍司令部が置かれるようになり、警備について担当区域内の師団を指揮するようになった。この軍司令部は、北部、東部、西部の本土内と、朝鮮、台湾にそれぞれ置かれた。そのほかに戦時編制された軍が、満州支那方面にあったのであり、その状況は表のとおりであった。

昭和十六（一九四一）年七月には、平時編制各軍の上に防衛総司令部が設けられ、山田乙三大将が、防衛総司令官に就任した。また開戦直前には、寺内寿一大将の南方軍も置かれ、昭和十九年末には、ナンバー軍の数だけでも、二十九を数えるほどに膨脹した。

〔日米開戦時の日本海軍〕

艦隊		主要構成
聯合艦隊	第1艦隊	戦10　重巡4　軽巡4　空母2ほか
	第2艦隊	重巡13　軽巡2ほか
	第3艦隊	重巡1　軽巡3ほか
	第4艦隊	練巡1　軽巡3ほか　基地航空隊2
	第5艦隊	軽巡2　水上機母1　特巡2ほか
	第6艦隊	潜水30ほか
	第1航空艦隊	空母8　駆10
	南遣艦隊	練巡1　海防1　根拠地隊2
	直率	特巡3ほか　航空戦隊1
	付属	落下傘　哨戒艇　病院船　工作艦等
支那方面艦隊	第1遣支艦隊	河用砲艦10
	第2遣支艦隊	軽巡1　砲艦2ほか
	第3遣支艦隊	旧巡1ほか
	付属	旧巡1　特別陸戦隊
内地	各鎮守府、警備府に航空隊12、艦船11など	

また昭和十二年に定められた聯合

艦隊の平時編制では、戦艦、巡洋艦を基幹とする第一、第二艦隊と、巡洋艦、海防艦などの第三、第四艦隊が定められている。これが次第に膨脹して、昭和十六年の開戦時には、表のように増えていた。

戦争がはじまってからは、それまでになかった多くの海軍部隊が編成されている。遅ればせながら、海上護衛専門の海上護衛総司令部が、昭和十八（一九四三）年に編成されたほか、防空隊などの防空関係地上部隊、進出港湾の警備、防備を担当する特別根拠地隊、飛行場設営のための海軍設営隊などが編成された。軍艦が少なくなった昭和十九年九月には、聯合艦隊司令部も陸上の東京日吉の地に移った。

昭和二十（一九四五）年四月になると、陸軍が本土防衛のための第一、第二総軍司令部（それまで防衛総司令部）や航空総軍を設けたのに対応して、聯合艦隊等の上級司令部にあたる海軍総隊司令部を設けて、本土決戦に備えた。この長官は、聯合艦隊司令長官を兼務している。

このような事態になっても、陸海軍はそれぞれ独自性を主張していたのであり、防空などの面で、相互に一部の部隊が他方の指揮を受ける例外を作ったほかは、統合して運用されるということがなかった。大本営は形だけは統帥を統一する形をとっていたが、相互の融和協同に欠けるところがあり、また内閣との意思の疎通も不十分であった。

明治時代を通じて、少しずつ疎遠になってきた陸海軍の仲は、兵部省が陸軍省と海軍省に分離してから七十年もたってからでは、もはやどうにもならなかった。

第八章　軍の教育

制服のエリート士官造り専科

インパール作戦の教訓と教育

昭和十九（一九四四）年六月、佐藤幸徳第三十一師団長は、ビルマからインドへの入口にあたる、インパールの東北方に司令部を置いていた。二十一日の夕刻、ここに現われたのが、上級司令部の第十五軍参謀長、久野村桃代中将である。面会を渋る佐藤中将にようやく会えた久野村は、軍司令官牟田口廉也中将の、インパール攻撃命令を伝えた。佐藤には命令に従う意志がなかった。四月以来、六十キロ北方の、コヒマでの攻防の結果、食糧弾薬が欠乏して、ようやく退がってきたところであった。軍司令部に対して、何度も補給を要求していたのであるが、補給をしてくれないだけではなく、そのうえ、不可能なことを要求するというのが、佐藤の言い分であった。

この作戦はもともと、補給のむりを承知で、牟田口が強行した作戦である。「糧を敵による」とか、牛や豚を連れて行き、食糧にするなどというジンギスカン流の作戦には、ついてゆけないというのが、佐藤以下の各師団長の考えであった。

佐藤は、けっして卑怯な将軍ではない。コヒマまで進出したのは、かれの師団だけであった。第一線が頑張っているのに、補給ひとつ考えてくれない軍司令官は、もはや軍司令官とはいえないという考えから、命令を拒否していたのである。傷病者が増え、空腹のためにフラフラしている兵を目の前にして、佐藤は、補給がなければ撤退する以外に方法はないと考え、口をきわめて軍司令官の無能をののしるまでになっていた。

このときまでに牟田口は、第三十三師団長柳田元三中将を、更迭していた。柳田が攻勢に反対したため、戦意なしと判断してのことである。後任の田中信男少将は、牟田口好みの積極野戦型の指揮官であった。田中は柳田を、「陸士、陸大の御賜の秀才ではあるが、神経が細い」と、評している。そのかれも、現地に着任して実状を知り、補給について軍司令部が楽観的であったのを怒っている。

柳田と同じように佐藤も、結局は、師団長をやめさせられた。それも精神錯乱という診断書つきである。もう一人の第十五師団長、山内正文中将も、胸部疾患のため発熱していた事実はあったが、やはり牟田口の意に添わない行動があり、更迭された。

もともとこの作戦には、全師団長が反対であった。牟田口軍司令官は、盧溝橋で日中が戦火を開いたときの現地聯隊長であり、日米開戦時には、第十八師団長として、マレー半島の英軍を相手にして、快進撃した経験をもっていた。そのためインパール作戦でも、敵の力を軽視しがちであった。そのうえ、指揮下の各師団長が受けてきた教育と、牟田口が受けてきた教育の間には、ややちがいがあった。

三人の師団長は、陸軍士官学校の期でいうと、柳田が二十六期、佐藤と山内が二十五期である。牟田口は二十二期である。かれらが陸軍大学校を卒業したのは、牟田口が大正六（一九一七）年、三人の師団長は、大正十（一九二一）年以後である。

第一次大戦を挟んで、陸軍大学校の教育には、改革が加えられた。このため大戦以後の卒業者である各師団長は、牟田口などそれまでの卒業者に比べて、戦術や参謀要務に長じていた。それだけに柳田や佐藤が、近代戦での補給の重要性を強調し、インパール作戦に二の足を踏んだのは、当然であろう。また田中は、陸軍大学校卒業者ではないので、牟田口に近いところがあったのではないか。

陸軍士官学校の教育内容は、どちらかというと、卒業してすぐに役に立つ教育、つまり中・少尉に必要な課目の教育であった。とくに大正初期までの教育はそうである。このため本人の努力とその後の経歴を別にすると、陸軍大学校を卒業していない田中のような将軍は、近代戦の理解に欠けるところがあったと考えられる。

若い時代の学校教育は、人格や能力に大きい影響をあたえる。もちろん指揮官や参謀としての判断、行動には、本人の生来の資質が関係するが、学校教育の影響も大きい。このようなことを考えながら、軍の教育の歴史をふりかえってみよう。

軍の教育のはじまり

日本の陸海軍は、教育機関からはじまっている。徳川慶喜の大政奉還につづく王制復古直後の新政府軍は、いわば勤皇諸藩からの傭い兵であった。この中で国防大臣ともいうべき軍務官が最初に手をつけたのは、京都に兵学校を設けることであった。

この学校は新国軍の幹部を養成するもので、公家、官員の子弟や旧武士層から、生徒を選んだ。この学校と御親兵ぐらいが、当時の天皇直属軍といえるものであり、兵学校の占める地位は高かったのである。なお御親兵は、南朝ゆかりの十津川郷士や勤皇の浪士で編成されており、唯一の直属実戦部隊である。

明治二（一八六九）年、大阪兵学寮が兵部大輔（国防次官にあたる）大村益次郎の手で開設されて、京都の兵学校（兵学所と改称されていた）は、それに合併吸収された形になった。大阪兵学寮は、のちの陸軍幼年学校、陸軍士官学校、教導団、戸山学校の母体にあたるものであり、幼年学舎と青年学舎に分かれていた。

幼年学舎はフランス語などの基礎教育を行なうものであり、翌年には、横浜でフランス語を学んでいた語学所の生徒がここに移されているが、最初のころは、幼年の名にふさわしくないひげづらもみられたようである。お父さんは幼年学校に行っていますと言った子供が笑われたという話も残っている。

幼年学舎に語学所の生徒を移したことからも知れるように、新政府の陸軍では当初から、フランス語がはばをきかせていた。これは大村の判断によるものであり、兵学寮でフランス式を採用したことが、陸軍の制度の方向を決定づけたともいえる。

当時の各藩の軍制は、オランダ式あり、イギリス式あり、和歌山のドイツ式もといったふうにまちまちであり、その中では、イギリス式を採用していた藩が、鹿児島を筆頭に比較的多かった。大村の方向づけの当否は別として、かれの施策がその後の軍制の方向を決定したのである。

大阪兵学寮は、規則の上では海軍の幹部養成も行なうようになっていたが、実際には大阪での海軍教育は、行なわれなかった。この任にあたったのは、明治二年の九月に、東京の築地に開かれた海軍操練所である。

築地から浜離宮一帯は、もと大名屋敷地であって、創設期の海軍の中心地帯になった。海軍省の前身である海軍局も、前年からここに置かれていたのであり、操練所は、旧幕府の操練所の建物を使用して開かれたのである。東郷元師は、この操練所を卒業したのちに、英国留学をしている。

明治三（一八七〇）年に大阪兵学寮が陸軍兵学寮と名を改めたのに対応して、操練所も海軍兵学寮と名乗ることになり、幼年、壮年、専業の各学舎を置いた。この海軍兵学寮が、海軍兵学校、海軍機関学校の母体になったのであるが、当初は砲術学校や水雷学校などの機能も果たしていた。

海軍兵学寮では陸軍の場合と同じように、どこの国の制度を学ぶかが問題になったのであるが、結局はイギリス式になり、明治六年（一八七三）にイギリス海軍から派遣されたドーグラス少佐以下三十四人による教育が開始されてからは、ここで教育されたイギリス式が、海軍を支配したのである。英語のわからない、オランダ式や操練所式の教育を受けた初期の士官は、バラスト（船の重心安定用の荷物）と、悪口されたというほどであった。

ドーグラス派遣以前の教育は、幕府の海軍伝習を受けた中牟田倉之助や鳥羽藩出身の近藤真琴、幕府からオランダに派遣され留学した経験をもつ赤松則良など、海軍に知識のある者の寄合世帯で行なわれていたのである。

発足当初の陸、海軍兵学寮は、軍学校のイメージに遠く、服装は和服にちょんまげであり、飲酒や喫煙の制限もなく、妻帯者の入学も普通のことであった。

桂太郎は、このころの大阪兵学寮の出身であり、山本権兵衛などは、ドイツに最初の私費留学をしている。児玉源太郎も大阪兵学寮を中退して、東大の前身である開成所から、勝海舟の勧めで海軍操練所に入り、海軍兵学寮時代の明治四（一八七一）年四月に、いったん退寮したのち、八月に復学するという、ややこしい経過をたどっている。

陸軍兵学寮の本部は明治四年に東京へ移り、幼年学舎は翌年、桜田の旧井伊家の邸地へ、青年学舎も同じころ徳大寺邸へ仮移転した。移転後はそれぞれ幼年学校、士官学校と名を変えている。その後、両校は、市ヶ谷の旧尾張徳川家の邸地に校舎を新設して移転した。

これ以前に、京都の仏式伝習所も陸軍兵学寮に併合されていたが、この移転時期に教導団として独立し、東京の有楽町で下士官養成教育を行なった。田中義一大将や長岡外史中将は、最初はこの教導団に入り、士官学校に転じたのである。混乱時代のことでもあり、教導団が士官養成校ではなく下士官養成校であることを知らずに、入学した者も多かったようである。

この移転時期にもう一つ、戸山学校も発足した。最初は士官学校の管轄下に置かれ、明治七（一八七四）年に独立した。これでフランス時代の陸軍の主要教育機関がそろったのである。

明治五（一八七二）年にはフランスから陸軍の教師団が来日し、これら学校の教育にあたった。参謀中佐マルクリーを筆頭に、工兵大尉ジョルダン、騎兵大尉デシャルム、砲兵中尉ルボンら来日した十六人に、前から雇っていた四人を加えた二十人である。明治十年の西南の役を境にして、フランス教師の数はつぎつぎに減っていったが、それでも明治十年代半ばまでは、フランス式の教育がつづいていた。

このようなフランス式全盛の時代にも、軍医だけはドイツ式であった。陸軍軍医学校の前身である軍医学舎が発足したのは、明治四年であるが、ここではドイツ海軍の軍医ホフマンが教えたことがある。このホフマンは、ドイツ陸軍の軍医ミュルレルとともに、東大医学部の前身である大学東校の教師として、明治四年以後、教鞭をとっていたのである。明治維新の原動力の一つになったのはオランダ医学であり、大村益次郎なども蘭医から兵学家に転じたものであるが、新政府は過去にこだわることなく、西洋医学の現状を研究したうえで、ドイツ医学を国家として採用することにした。このためドイツ軍医が招かれていたのである。

日本の医学界を育てたのが軍医であったため、陸軍は、文部省系の学校で養成された医師を軍医として使うことに、違和感はなかった。そこで軍医は、養成された医師の中から採用することに方針を改め、軍医学舎は、明治十年に閉校されている。

明治十九（一八八六）年には、陸軍軍医学舎が再発足しているが、ここでは前の軍医学舎とちがって、医師の養成は行なわなかった。既成の医師に、軍医に必要な事項を付加教育しただけである。医科大学在学中の学生を軍に採用することもあったが、この場合は、学費を支給してそのまま大学で学ばせ、卒業後、軍医に必要な教育をしたのである。

このような軍医養成の形は、海軍でも同じであった。明治六年に発足し、軍医養成教育を実施していた海軍病院学舎は、海軍軍医学舎と名称を改めたのち、明治十三（一八八〇）年に閉校された。この学校も明治十五年に、海軍医務局学舎という名称で再興されたが、軍医養成教育は実施していない。

軍医養成教育は、教育の最後の段階を除きすべて、部外の大学などに依存することになったのである。ただ海軍の場合は、軍医としての艦上勤務は、イギリス式で行なうことを要求し、イギリス人アンダーソンなどを教師として雇傭していたところが、陸軍とちがっている。

海軍兵学寮は、明治九（一八七六）年に海軍兵学校と改称された。陸軍兵学寮が明治八年に消滅し、その下にあった士官学校と幼年学校が、陸軍士官学校、陸軍幼年学校として独立したことに対応する改定であった。このように明治時代には、陸軍の改定のあとを追って、海軍も同様に改定した例が多い。

この海軍兵学校には、陸軍の幼年学校に対応する予科が置かれていたが、明治二十一（一八八八）年の江田島移転後は、姿を消した。この予科も兵学寮時代は、イギリス式の基礎学を学ぶための課程であったが、明治十一（一八七八）年ごろ、一時中断し、その後は、戦死者の遺子や士官の子弟を教育する場になった。この改定はやはり、陸軍に合わせたものであると考えられる。

陸軍幼年学校は、明治十年から二十年の間、陸軍士官学校に吸収されて幼年生徒の課程になっていたが、この教育は、戦死者の遺子弟等を対象にしたものであった。

海軍兵学校は、海軍機関学校の母体でもあったが、機関教育が実施されたのは、イギリスからドーグラス以下が着任してからである。明治六（一八七三）年に設けられた機関科は、翌年、横須賀へ分校として移り、明治十四（一八八一）年に、海軍機関学校として独立している。

この学校は、機関を担当する将校相当の機関官を養成するところであり、航海運用の教育をする兵学校に対応した。また同時に、機関科の下士以下の教育も実施したが、こちらの方はのちに、工機学校になった。

明治二十（一八八七）年から二十六（一八九三）年の間、この機関官養成教育は中断している。機関官養成を、このような形で行なう必要はないという考えからであり、兵学校出身者を機関科の指揮官として置き、実務は、下士以下にさせようというものであった。しかし、やはり問題が生じて、再び兵学校内に機関科を設けたのち、明治二十六年に機関学校を再興している。

陸軍のドイツ化と教育

山県有朋、桂太郎の線で少しずつ推進されていた陸軍のドイツ化は、プロシアの参謀少佐メッケルが陸軍大学校教官として着任してから、急速に進展した。メッケルが来日したのは明治十八（一八八五）年三月であるが、その一年後に、児玉源太郎大佐を長とする臨時陸軍制度審査委員会が発足し、新軍制の検討をはじめている。

これはメッケルの建言を参考にしながら、ドイツ式軍制を実現しようというものであり、その最初の成果が、鎮台を師団に改めたことであったことは、編制の章で述べた。この検討の中で、もう一つ大きな問題になったのは、将校の養成と補充の制度であった。

それまでのフランス式将校養成は、士官学校で二年間の教育を行ない、全員を少尉に任官させたうえで、砲兵、工兵のものにたいしては、さらに一年間の教育を受けさせるという制度であった。

メッケル来日当時には、教育期間はやや長くなっていたが、部隊での勤務経験をもたないものが、任官してただちに、指揮官になることが問題になった。そこでドイツの士官候補生の制度をとり入れ、陸軍士官学校に入学する前の一年間（幼年学校出身者は半年間）は、兵営で過ごさせることとし、卒業後も半年間は、見習士官として勤務させる制度に改めている。

この制度の第一期生が卒業したのは明治二十三（一八九〇）年であり、陸士〇期と呼ばれる最初の卒業生になった。この制度はドイツの制度とまったく同じではなく、やや日本的に変えられている。たとえば、ドイツでは中央幼年学校を卒業したものは、ほとんどが士官学校に進むことなく将校試験を受けて任官していたのであるが、日本では、かならず士官学校の門をくぐらなければならないことになっていた。

正規将校の養成とは別に、この改定時に予備将校の補充制度として一年志願兵の制度を設けたことは、兵役の章で述べたが、これはドイツの制度そのものであった。

陸軍大学校に最初の学生が入学したのは、明治十六（一八八三）年四月である。陸大の教育は、最初はフランス式で発足したのであり、砲兵学、工兵学など、数学的才能を必要とする課目が多かった。一期生は最初の二年間は、このようなフランス式教育を受け、最後の一年間をメッケルに学んだのである。

メッケルの教育はプロシアの参謀教育であって、とくに卒業前に実施する参謀演習旅行では、実地に部隊の配置と運用、補給、輸送などを研究している。学生はそれぞれが、司令官、参謀長などの職務を割当てられ、その立場で判断し処置したのであった。

部隊の補給、給養を担当した学生が、梅干でも準備しておけばよかろうと処置をして、梅干を知らないメッケルを閉口させたという話や、鉄舟が水に浮くということをどうしても信用しない学生のために、実際に渡河用の鉄舟を作らせたというような話が伝わっているが、メッケルのもたらしたものは非常に大きかった。

日露戦争のときには、このメッケルの教育が大きな効を発揮している。秋山好古や藤井茂太の戦術がそれであり、明石元二郎のように、諜報に教えを活かしたものも出ている。

このほかドイツ化の現われとして、歩兵操典や内務書、行動に関する規則類も、改正または新しく制定された。学校も陸軍工科学校の前身である砲兵工廠生徒学舎が新設され、砲兵射的学校、砲工学校、乗馬学校も新設された。

こうしてドイツ化の動きの中で、創設または改正されたものが、第一次大戦時まで継続する結果になった。しかし、ドイツ化というのは一面では日本化でもあった。フランス式全盛の時代には、用語までフランス語を使っていたのであり、兵学寮では地理や歴史までフランス語で教育された。つまり、フランス人から見た世界史や地理を学んだのである。もっともフランス語が不得手なもののための変則生という課程があり、ここでは日本語で教育されていた。フランス語を使用する方が正則生であるということになっていたのであって、主客が転倒していた。しかし、ドイツ化の時代には、ドイツ語で教育することはせず、翻訳書を使用した。言葉の面からの日本化が進んだのである。

もっとも訳語には難解なものが多く、日本化のためにかえってむずかしくなったものもある。たとえば小銃の部分名称に槓桿《こうかん》、撃茎《けい》、弾倉発条などがあるが、無教養な新兵にとっては、外国語と変わらない名称であった。それを覚えさせるために、強姦、月経、発情などの連想を用いたりしているが、御苦労なことであった。

海軍はこのような訳語よりも、原語を使うことが多かった。海軍兵学校は、大正の初めまで英文の物理の教科書を使ったりしているが、英語の能力が低いものは、それだけ理解が困難になったのである。

また、艦上で使われる原語が長い間に変質して、ウォッシュタブ、つまりバケツがオスタップになったり、階段をいうのにオランダ語らしいラッタルという用語を使ったりということがあり、英語を知っているものにとっても、理解困難な場合が少なくなかった。また慰安婦、プロスティテュートの頭文字だけをとって、Pといったり、英語だと思ったケージが、毛じらみであったりするので、なれるまではわからなかった。

わかりにくいということでは陸軍も海軍も同じであるが、基本的な姿勢としては、陸軍の方が、早くから日本化の方向に向かっていたとだけは、いえるであろう。

新兵教育

新兵とは、陸軍の各聯隊または海軍の海兵団に初めて入営し、基本の教育を受けている期間の兵をいう。

背広あり、紋付きあり、学生服ありと雑多な服装をした若者たちが、簡単な寝台の横に並んでいる。「全員裸体になれ」の命令で、フンドシ一つになったかれらは、軍隊用の襦袢（シャツ）、袴下（ズボン下）をつけ、軍衣（上着）、軍袴（ズボン）を順番に着けていくと、兵隊らしくなっていく。今まで着ていたものは、一括して郷里に送り返すことで、シャバとの縁を切ったことになる。それでも、入営の日はお客さんあつかいであるが、あとが大変である。

「朝だ朝だ、皆起きろー、起きぬと班長さんに、おこられるー」の起床ラッパで起きると、点呼の整列、清掃、食事の配分役である飯上げ、教練と、休む暇もない。ボヤボヤしていると、ビンタがとんでくる。夜は、ウグイスの谷渡りや、セミと呼ばれる肉体的ないじめの私的制裁も待っている。学校のいじめどころの話ではない。これは陸軍の話だが、海軍も同じようなものである。もっとも日本だけのことではなく、イラクでの米兵による捕虜虐待は、米軍内のいじめの歴史の延長であろう。

「総員起こし、総員吊床収め」の号令とラッパで起きあがってから、ハンモックをおろして縛るのが、余分な仕事になる。カッター訓練で赤くなった尻に、制裁のバッターと呼ぶ樫の棒がとぶ。これももとはイギリス仕込みという。

むりと暴力がまかりとおった新兵教育ではあったが、それでも教育期間が終わるころには、統一規格品の兵隊が、できあがっていた。このような集団の中に入れられると、ヤクザのオアニイさんでも、学校の先生でも、同じように行動し、反抗する力もなくなってしまうのが、つねであった。

大正から昭和にかけて、社会主義者として札付きで入営し、厳重な監視下におかれているものは多かったが、表だって反抗するものは、少なかった。集団の力はふしぎなものをもっている。自分が所属する集団への帰属意識が高いといわれている日本人の場合は、最初はむりだと思いながらも、馴れる傾向が強いのである。

陸軍では明治七（一八七四）年に生兵概則が定められており、これによって新兵六ヵ月の教育を実施した。この概則は明治二十（一八八七）年には軍隊教育順次教令になり、さらに大正二（一九一三）年には軍隊教育令に発展している。

陸軍の新兵が、新兵という正式名称を持っていたのは、軍隊教育順次教令の時代である。最初の呼び方である生兵《せいへい》が変わったのである。生兵と呼ばれていた生兵概則の時代には、生兵六ヵ月の間は、階級をあたえられなかった。その後は、二等卒または二等兵からはじまるようになっている。

初年兵という呼称がはじまったのは、軍隊教育令になってからであり、最初の一年間は、基本教育期間であったことからはじまった用語である。

基本教育期間が一年間になったのは、軍隊教育順次教令からであり、一年を四期（兵科でややちがう）にわけて教育の区切りとし、各区切りごとに検閲を行なった。検閲は各級指揮官が教育の進度を検査したのであるが、新兵にとっては緊張のときであった。

生兵概則には、生兵は、体操術、生兵運動、小隊運動、撒兵《さっぺい》運動、射的術を訓練すると定めてあり、そのあいまに、軍隊に関する一般的な知識や、勤務心得、哨兵、などの講義を受けた。当時もっとも重要な科目としては射的術、つまり射撃があったが、射場を確保するのに苦労している。

予算がないために射場を作ることができないということもあったが、現在の公害問題と同じように、周辺住民の苦情も多かったからである。たとえば、東京の南豊島郡の一農民から、射的場の流弾が庭の松を痛めたので補償をしてくれという要求が、知事を経由して陸軍に出されたりしている。流弾は実際に多かったようである。

幕府時代から使用されていた東京の越中島射的場でさえ、流弾についての苦情が絶えなかったのであり、他の射場では、もっと多かったことが想像される。もっとも越中島では大砲の射撃がされることも多く、その音で障子が破れることもあったということであり、銃殺場としても用いられた場所であるので、苦情が多いのはやむをえなかったであろう。ここは海軍や警察も使用したため、もっとも使用度が高い射場であった。

海軍の新兵教育は、鎮守府の責任で行なわれるが、小銃の射撃も重要な訓練科目であり、越中島を使っている。海軍新兵の実際の教育を担当するのは、海兵団である。この海兵団が発足したのは明治二十二（一八八九）年であり、それ以前には、浦賀の水兵屯集所とか水兵練習所と呼ばれたところで水兵教育が行なわれた。火夫教育は横須賀屯営所で行なわれている。

海軍では初期には、陸軍の生兵にあたる水兵を、若水夫、のち若水兵と呼んでいた。この若水兵の教育は約一年間であり、その期間を三、四期に分けて、基本教育を行なっていることは、陸軍同様である。

教育内容は、帆索具の取り扱い、信号法、側砲の射撃などのほか、軍隊に関する一般的な知識の講義や、体操、水泳などである。水兵以外の火夫などの教育も、基本的には水兵同様であり、技術専門的な事項が相違するだけである。海軍は陸軍に比べて技術的な面が強いので、教育科目も技術的なものが多くなりがちであった。このため、理解度を確認するための試験もしばしば行なわれており、落第者には進級の遅れという罰が待っていた。

このような新兵教育の基礎が固まったのは、陸軍ではドイツ化の一連の施策が行なわれた時期である。このとき軍隊教育順次教令が定められたのであり、その後の新兵教育の方向が定まったのである。

海軍でも明治十七（一八八四）年に若水兵教育概則が定められており、入隊後の約一年間を数期に区分して、段階的に教育を進めていくという形式が、陸海軍ともに昭和の時代までつづいたのである。生活そのものはともかくとして、段階的に教育を進めるという点では、合理的であった。

陸軍には歩兵学校や騎兵学校などの実施学校と総称される学校があり、海軍にも同様に、砲術学校や水雷学校などの術科学校がある。それらの学校はそれぞれの専門技術を教える学校であり、新兵には縁がなかった。

海軍の場合は、海兵団そのものが学校のようなものであり、海兵団教育を終わったものが、各軍艦に配属されたのであるが、陸軍では、入営した聯隊で二年なり三年なりの現役を勤めたのであり、学校に入って教育を受けたのち、他の師団に所属を替えるなどのことはなかった。しかし、再役を志願し、下士官候補者になって下士官に進むことを予定されているものは、学校に入って上級の技術を修得した。海軍の志願兵の場合は、比較的早いうちに学校に入り、卒業後、他の鎮守府に所属を替える場合もあった。

訓練演習

部隊の平時の任務は、警備のほかは主として訓練、演習である。訓練、演習によって精強な部隊を作ることが、抑止力としての示威効果を作り出すことになるのであり、新兵を実戦に耐えるようにし、勝利の結果をもたらすことになった。

演習は、実戦に近い場を設けて、その中で作戦の計画などの司令部の行動を訓練し、その計画により部隊を動かして、戦闘行動を訓練するものである。陸軍と海軍では、形式や名称にややちがいがあるが、陸軍は師団、海軍は艦隊を単位にして行なうものが多い。

演習には陸軍と海軍が同時に参加する形式のものもあり、これを陸海軍聯合演習と呼んだ。そのうち天皇が直接統監するものは、陸海軍聯合大演習と呼ばれた。陸海別に、天皇の統監下に実施する演習もあるが、これは特別大演習と呼ばれ、陸軍では毎年、四日間を費やして実施された。この場合、場所と参加師団は、毎年変わるのである。

陸軍の第一回の特別大演習は、明治二十三（一八九〇）年春、名古屋の第三、第四師団により、愛知県の知多半島で行なわれている。これ以前にも天皇陛下天覧の演習は、何度か行なわれたのであるが、直接統監下の演習は、これが初めてであった。この特別大演習は、日本を東西に分けての、陸海軍聯合大演習として実施されたのであり、侵攻軍を海上で迎え撃つところからはじまって、上陸作戦に移り、最後は師団相互の会戦で終わった。

このとき海軍は常備艦隊を二つに分け、侵入艦隊（井上良馨少将）と防御艦隊（福島敬典少将）の対抗の形をとっている。天皇は三月二十九日に乗艦して海戦を統監されたあと、三月三十一日には知多半島に上陸、強風雨の中を泥にまみれて、四月二日まで統監された。これにより、将兵の士気は大いにあがったのである。

この演習には、近衛歩兵第二旅団長であった乃木希典少将の部隊も、攻撃軍の増援部隊として、半田港に上陸している。この演習は、日清戦争前の第一回陸海軍聯合演習として、特別の意味をもっていたのであり、上陸作戦にその性格が現われている。

このような作戦準備のための演習とは別に、演習が作戦のための実際の行動になっている場合もある。

昭和六（一九三一）年九月十八日、満州の奉天郊外、柳条湖で、日本軍の謀略により、鉄道が爆破された。このとき付近で演習中であった日本軍の独立守備歩兵第二大隊の一部は、ただちに行動を起こして中国軍を攻撃し、満州事変の口火を切っている。これなどは、演習に名を借りた、兵力の移動展開であった。

昭和十六（一九四一）年の関東軍特種演習、略称関特演（特別演習ではない）も、実際の意図を秘匿するために、演習の名目が使われている。特種演習とは通信、衛生、鉄道、船舶などの特種の演習をいうが、関特演は、対ソ連侵攻準備として、満州に軍需資材や兵員を集めるために行なわれた。

この年六月、ヨーロッパでは独ソ戦がはじまっており、伝統的に北進の傾向を持っていた陸軍は、好機到来とばかりに、満州に対するソ連の圧力をはねのけるために、積極的にソ連を攻撃しようとして準備を進めたのである。

陸軍の演習には、これまで述べたもののほかに、特別師団演習、特別各兵演習、司令部演習、演習旅行などがあって、非常に複雑である。特別師団演習は、昭和十年までは師団対抗演習と呼ばれたものであって、作戦を訓練するために行なわれた。この勝敗が各指揮官の能力評価になるということで、指揮官は懸命になった。

最初にこの演習が行なわれたのは、明治十三（一八八〇）年七月である。このころはまだ師団対抗ではなく、鎮台対抗演習であった。演習は天皇の天覧演習の形で行なわれ、大阪と名古屋の両鎮台が、紀伊半島の亀山付近で攻防に火花を散らしている。

この演習はまた、各兵科の部隊が参加する諸兵聯合師団演習に引きつづいて行なわれたものであり、それまで仮設敵の旅団を師団が攻撃する演習を行なっていた状況から一転、旅団（鎮台）同士の戦いになったのである。実質は旅団同士の戦闘であっても、その上級の臨時の演習師団司令部が設けられており、形式的には初めての、師団対抗演習であったともいえる。当時の少ない兵力では、この程度の規模の演習が、ようやくであった。

特別各兵演習とは、兵科別の演習である。また司令部演習というのは、師団以上の司令部のみの演習であり、指揮要領と幕僚の勤務要領を錬成した。演習旅行には参謀演習旅行、将官演習旅行、旅団や師団の幹部演習旅行があり、すべて実地に、作戦行動時の諸業務や判断決心を錬成するものである。

つぎに演習ではないが、毎年一月初旬に行なわれた陸軍始と海軍始の儀式にふれておこう。

陸軍始は明治三（一八七〇）年一月十七日に江戸城本丸跡で行なわれたのが初めであり、このときは、軍神祭と呼ばれた。雪晴れの中に整列した御親兵以下約四千名を、天皇が閲兵されている。海軍はこのときは艦長のみが参列した。その後、陸軍始は、場所が日比谷から青山へ、さらに代々木へと移り、名称も観兵式になった。

海軍始は、明治五（一八七二）年一月九日に、海軍兵学寮に天皇を迎えて行なわれたのが、初めである。しかし、内容は生徒の砲術や水兵の銃剣術であって、天皇を迎えて行なうほどのものではなく、明治十一（一八七八）年には廃止されてしまった。その代わりに、春秋の艦隊運動にお出ましになるという話もあったがむりであり、明治二十二年からは、観兵式に、海軍部隊も徒歩で参加することになった。初年度の参加は千二百名である。

明治二十三（一八九〇）年には、江田島行幸の天皇を迎えて、神戸港沖海軍観兵式が行なわれ、常備艦隊が参加したが、この様な形の観艦式が、特別大演習のおりなどを利用して行なわれている。

さて、演習は部隊としての訓練のしあげであるが、そこに達するまでには、兵員個人に対する教育訓練の集積がある。陸軍の学校教育や新兵教育については前に述べたが、そのほかにも、部隊で計画的に行なわれる、個人に対する教育訓練がある。下士、上等兵、将校に対しても、それぞれの訓練要領が定められていたのであって、大正二（一九一三）年に定められた軍隊教育令は、これを、科目、教育内容、期間の形で示していた。

海軍の教育訓練を規律したのは軍隊教育規則である。この規則のはじまりは、明治三十（一八九七）年の海軍艦内部下士卒教育令と、同将校教育令であった。これが大正九（一九二〇）年に軍隊教育規則の形でまとめられたのである。

教育の責任者は、艦長や隊司令であり、各兵員の立場と配置に応じた科目を、段階的に教育するようになっていた。兵に対しては、読書、作文、算術なども教育するように示されている。とくに明治時代には、兵営や軍艦は、普通教育の一部をも行なう、学校の役も果たしていたのである。

ところで、教育訓練にも関係が深い元帥府が設置されたのは、明治三十一（一八九八）年のことである。元帥府に列せられた大将は、天皇の軍事最高顧問であるとともに、天皇の命を受けて、陸海軍の検閲を行なうことを任務とした。

この検閲は、特命検閲と呼ばれるものであり、規律や教育の状況、戦争に備えての軍備の状況などを、検査するものであった。兵員の教育訓練の結果は、毎年の演習で検査されたほか、このような形式でも、検査されたのである。

口やかましいので有名であった上原勇作元帥が、特命検閲使として部隊に出かけたとき、金モールの正服で出迎えた将校たちの上衣の長さを測り、当時はやっていた規定より長目のものを、自らはさみで切り取ったといわれているが、検閲は、このような画一主義が幅をきかす場でもあった。

このような特命検閲のほか、陸軍の定期検閲、海軍の恒例検閲のように、師団長、艦隊司令長官など、各指揮官が定期的に実施する検閲もあり、また、必要に応じて実施する臨時検閲もあった。教育訓練の結果は、つねに評価と修正にさらされていたのである。

なお陸軍には、大隊長が行なう検閲もあるが、海軍の艦長が実施するものは、検閲という正式の形のものではなく、査閲という軽易な形式のものであり、このようなところにも、陸海軍の体質が現われていた。

将校養成教育の発展

ドイツの士官候補生の制度を導入してからの陸軍士官学校では、明治二十三（一八九〇）年七月に卒業したものが第一期生と呼ばれ、昭和二十（一九四五）年六月の卒業生が、第五十八期生と呼ばれている。

第一期生以前の旧制度卒業生は、第十一期生までである。第五十八期生は、最後に任官した陸軍少尉であり、終戦時、第五十九、六十期生が、在校中であった。また第六十一期生は、予科士官学校に在校していた。

海軍兵学校の期の呼び方は、兵学寮の時代からつづいているので、陸士よりも多くの卒業者を出しているような感じがするが、そうではない。第一期生は、明治六年十一月に卒業した二名であるとされているが、制度がととのわず、修業年限も明示されていない時代のことであり、これを一期生と呼ぶべきかどうか、やや疑問がある。

最後の卒業生は昭和二十年三月の第七十四期生であって、やはり海軍少尉に任官した直後に、終戦になった。卒業時期からみると、陸士第五十八期生に海兵第七十四期生が相応するようであるが、修業年限の相違があり、年齢的には、海兵第七十三期生が相応するとされている。海兵の第七十三期生は、終戦時には海軍中尉になっていたのであり、陸軍と海軍で一階級のちがいが生じていた。

海兵の終戦時在校生は、第七十五〜七十八期の四期にわたったが、七十七、七十八両期は、どちらもその年の四月に入学したばかりであった。第七十八期生は、その年からはじまった予科の最初の入学者であったため、このようなことになったのである。おまけに予科の方が本科よりも一週間早く入学していた。

陸士、海兵の教育が国家の運命におよぼした影響は大きい。これら学校は、明治維新の結果誕生したものであり、明治以来の歴史とともに、六十年ばかりを歩いてきている。陸士、海兵出身者が内閣総理大臣の地位に就《つ》くようになったのは、大正十一（一九二二）年の加藤友三郎（海兵七期）以後であるが、昭和二十年の終戦までに、陸士、海兵の出身者五名ずつが、就任している。この間の軍人でない総理大臣は、八名だけであるので、陸士、海兵出身者が、第一次大戦以後の日本の歴史を作ったとさえいえる。

軍には別に、陸、海それぞれの経理学校卒業者や海軍機関学校出身者も存在したのであるが、それらの人で政治に関与するようになった人は少ない。議員や市長になった人があるにはあったが、政治家に進出した本流は、陸士、海兵出身の大将であった。これには、陸海軍大臣が大・中将であって、相当官である軍医総監や主計総監の出る幕ではなかったところにも原因があるであろう。

陸士、海兵の教育は、単なる軍人養成以上のものであることが必要であったのであり、軍事だけではなく、政治にも大きな影響をあたえる可能性のある教育であった。そのような重要な教育である将校養成教育の実態が、どうであったかを一覧しておくことは重要なことであり、以下、その発展状況を順番に見ていくことにしよう。

幼年学校

陸軍幼年学校は、日清戦争後になってようやくその地位を確立した。軍人の遺子弟教育を主目的としていた時代から脱皮して、積極的に軍人の卵を育成する学校に変わったのである。

明治二十九（一八九六）年、それまで年間七十名前後を採用して、東京で教育していた陸軍幼年学校の組織、内容をドイツの制度に類似するものにかえた。旧六鎮台所在地に陸軍地方幼年学校を置き、東京に陸軍中央幼年学校を置いて、地方幼年学校、中央幼年学校、士官学校という順序で、教育することにしたのである。

地方幼年学校は十三、四歳の者を採用して、三年間の中学校相当教育を授けるところであり、中央幼年学校はそれに接続して、二年間の中学校上級相当の教育を行なった。中央幼年学校は、市ヶ谷台の陸軍士官学校隣接地に置かれている。全国六校の地方幼年学校は、各校とも毎年五十名の生徒を採用し、この卒業者は原則として全員が、中央幼年学校に進んだ。

制度改定後、最初の二年間は、中央幼年学校に進むときに、若干の中学校などからの転入者を入れたが、のちには、中学校などからの入学者は、士官学校へ進む段階でしか、採用しないことになった。ドイツ式の士官候補生制度発足以来、士官学校入学予定者は、各地の聯隊で兵としての隊付勤務を経験することになっていたので、その制度との関係もあったのであろう。このような幼年学校二本建ての制度は、大正九年までつづいたのである。

幼年学校をこのような形で強化した理由には、軍人精神を養成することともう一つ、語学教育の問題がある。当時の中学校で教えられていた外国語は英語が主であり、もし中学校卒業者のみを士官学校に入れるとすると、陸軍に関係が深いフランス語やドイツ語を修得した者が、いなくなるおそれがあった。このことは大正の軍縮のさいに幼年学校全廃の案が出たときにも、反対理由として主張されている。

なお教育された外国語は、最初はフランス語だけであったが、ドイツ化の時代になってドイツ語が加わり、明治三十一（一八九八）年には、日露の風雲急であった状況を反映して、ロシア語も採用された。このような言語は当時、一般の修得者が非常に少なく、軍部内で教育をする必要性があったのである。海軍の方は英語が中心であり、仮想敵の言葉も英語であったため、中学校卒業者を採用すれば用は足りたのであるが、陸軍の方は複雑であった。

幼年学校教育の主要な柱である軍人精神の養成は、日常の生活を通じて行なわれた。遙拝、勅諭奉読、服装などの検査、武道の訓練などの行事や、規律正しい生活の中で、少しずつ、軍人に要求される資質を磨いていったのである。学業そのものは中学校に準じたものであり、程度は一般の中学校よりも高かった。

意外なのは軍事教練であり、中学校よりも少ないほどであった。その内容も基礎を重視したものであって、多くを要求しなかった。この点で、軍事一辺倒であったという誤解は、解かなければならない。前大戦中に軍事色が強まったことは当然のことであるが、もともとは、そうではなかった。

山梨中将が教育総監部の本部長であった大正時代に、「幼年学校は精神の向上教育をするところである」といっているが、現実の教育もそうであった。貴族的雰囲気を重視し、精神を高くもつことに意を用いたが、軍事を偏重することはしなかった。これは、ドイツの幼年学校の傾向に学んだものであろう。

大正九（一九二〇）年の将校養成教育の改定で、幼年学校の制度は、日本的な制度になった。中央幼年学校は、士官学校に吸収されてその予科になり、各地方幼年学校は、広島陸軍幼年学校のように、地名を冠した名称になった。士官候補生は、隊付教育を受けてから士官学校に入学するという方式が改められ、中学校出身者と幼年学校出身者が一緒になって、ただちに予科に入学し、予科を修了した段階で、全員が六ヵ月間の隊付教育を受けることになった。

これは、中学校教育との関連で行なわれた改定であり、士官候補生制度の一歩後退であった。それまでの地方幼年学校は呼びかたが変わったが、教育内容はそれまでどおりで変わらなかった。この教育内容は、その後も大戦中の一時期を除いて、ほとんど変わらなかった。

ただ大正末の軍縮時代には、幼年学校全廃が論じられたこともあって、実際につぎつぎに廃校された。最終的には、昭和三（一九二八）年の時点で、東京幼年学校だけが残されたのである。しかし、日華事変の時代になるとまた復活されて、昭和十五（一九四〇）年には、東京、仙台、名古屋、大阪、広島、熊本の六校がそろっている。各校の生徒数も旧時の数倍にまでなったのである。

陸軍士官学校

中央幼年学校が存在していたころの陸軍士官学校は、軍事専門学校であった。隊付を終わってから入ってくる士官候補生に課せられる約一年半の教育は、卒業後、小隊長として勤務することを目標にして行なわれた。教育内容は軍事専門事項であって、基礎教養的なものは語学のみである。

当時の一般の教育程度からみて、中学校卒業程度の学力があれば、将校としての基礎教養は十分であると、考えられていたためである。もっとも砲兵や工兵に区分されたものは、卒業後、砲工学校に入学して、数学、物理などの基礎的な学問の積み重ねをしており、必要があれば、教育をする体制にはなっていたのである。

語学教育もその必要性を認められた一つであり、幼年学校時代の外国語のほか、英語、中国語が対象になっていた。もっとも英語を選ぶのは、中学校から入ってきたものが主であった。このことが対米戦争を行なううえで、問題になったのは当然である。

前述のように、このような結果になったのは、中学校の外国語教育が、英語一辺倒であったこととの関係が深い。師範学校が最初に、英米系の教育を行なったためであるが、思わぬところに、思わぬ影響が生ずる。外国から最初になにかを導入するものは、よほど慎重に検討する必要がある。

士官学校の軍人精神を養成するための教育は、幼年学校の延長であったが、軍事専門学校であるだけに、演習場や校外での訓練、演習も多かった。測図演習や野営演習は、一回に数日から十日以上もかけている。

大正九（一九二〇）年に予科ができてからの陸軍士官学校は、それまでとちがって、やや基礎教養的な傾向がでてきた。兵などの教育程度があがってきたことと、戦争、飛行機などの科学兵器の出現により、基礎的な教養を高める必要が生じてきたことからである。このためもあって、中央幼年学校の陸士予科への昇格が実現したのであり、高等学校理科の一、二学年に相応する教育を、とり入れている。

同じころ海軍兵学校でも、心理学や教育学をとり入れることが検討されており、社会の変化が軍学校の教育内容にも影響したのである。

予科ができてからの陸士本科の教育は、それまでの陸軍士官学校の教育とそれほどちがいはなく、軍事専門教育が主体であったが、科学兵器に関する教育が付加されたことと、戦術を重視しはじめたことが、新しい変化であった。

同じ改定時に、陸軍士官学校に、少尉候補者学生の課程が設けられた。これは下士出身者を選抜して一年間教育し、少尉に任官させるための教育課程である。その三年前から、准尉候補者学生という名称で、同じような教育がはじまっていたのであるが、その名称と内容が変更になったのであり、下士に将校昇進の機会をあたえたのであった。

この時期、士官学校への応募者が減少した反面では、下士の教育程度が高くなり、下級将校としての能力を発揮しうる素養をもつものが増えつつあった。この下士を活用しようとしてとられた処置であった。教育内容は、陸士本科のものを圧縮したようなものである。

この制度は前大戦末まで活用され、ビルマ方面の拉孟《ラモウ》守備隊長として勇名を馳せた、金光少佐のような人材もだしたのである。しかしこの制度で少尉に任官したものは、任官時の年齢が三十歳になっていたため、平時はよくて大尉どまりであった。大戦中には多くの少佐を出しているが、守備隊長、飛行場設営隊長など、目立たないところで活躍している。

つぎに行なわれた士官学校制度の大きな改定は、昭和十二（一九三七）年であった。この年の新入生は千七百名を越えており、軍縮時代の二、三百名のままの組織では、対応できなくなっていた。もっとも問題になるのは市ヶ谷台の収容力であり、結局、市ヶ谷台には、予科のみを陸軍予科士官学校という形で残し、本科は神奈川県の座間に移転して、陸軍士官学校を名乗ることになった。

また、しだいに重要性が増し、員数も増えていた航空兵科のための本科として、埼玉県の所沢（翌年、現入間市の豊岡へ移転）に、航空士官学校を独立させた。航空兵科の教育は、飛行場を必要とするうえに、教育法も他の兵科とはちがっていたため、予科を終わって本科に移る段階で、分離することにしたのである。

なお市ヶ谷台に残った予科士官学校も、増える生徒を収容しきれなくなって、昭和十六（一九四二）年に、朝霞に移転している。以後、市ヶ谷台には、陸軍省や参謀本部が移り、戦後は、極東裁判の舞台にもなった。

海軍兵学校

江田島に移った海軍兵学校は、最後まで、この外界から隔絶された土地を離れなかった。太平洋戦争がはじまってからは、生徒数増加のためやむをえず岩国分校や、島内の大原分校を作り、予科のために佐世保近くの針尾分校（のちに山口県防府に移転）も作ったのであるが、船乗りを養成するという基本姿勢は、最後まで変えなかった。

機関学校を分離してからの兵学校は、航海術、砲術、運用術などの軍艦の運用に必要な科目の教育を専一に実施しながら、「スマートで、目先がきいてきちょう面、負けじ魂これぞ船乗り」をお題目にして、しつけ教育を実施した。階段の昇降を駆け足でするなど、つねに艦中にある気持を重視したのである。

伝統的な行事である棒倒し競争や短艇競技、古鷹山への駆け足登山などの身心鍛練法は、江田島でしだいに作られていったものである。鉄拳制裁も伝統の一つであり、何度か禁止されたのであるが生きつづけた。

日常の生活の場が、軍人としての資質を磨く場であったことは、陸士同様であった。ただ海兵の場合は、組織上、上級生が下級生を指導する機会が多く、指導という名の鉄拳がとぶ機会が多かった。

三年間を海兵で過ごした生徒たちは、少尉候補生として、表門である桟橋から練習艦に乗り組むことになる。練習艦では沿岸航海や遠洋航海を体験し、約一年後に、少尉に任官するのである。しかし、任官したからといってそれで一人前ではなく、航海士や砲術士としての職務を完全に果たすためには、経験と、術科学校などでの専門教育を経る必要があった。

前述したように海兵教育には、大正末期に教養的科目を加えることが検討されたのであるが、そのためには、教育期間の延長が必要である。実際に八ヵ月延長されて、教育内容が修正されたのは、昭和三（一九二八）年になってからであった。外国語も、かつての英語一辺倒から、ドイツ語、フランス語を加え、昭和十二（一九三七）年にはロシア語も加えている。教育期間は昭和九年から四年間になったが、戦争のため、昭和十四年から短縮され、最短時期には、二年四ヵ月間になっている。

海兵の教育でおもしろいのは、昭和五（一九三〇）年前後の永野修身校長の時代に、ダルトンプランによる教育を実施したことである。この教育は、大正末期にアメリカから輸入されて一部に流行したのであるが、自発性を尊重する教育法をとるものである。

研究、準備の期間が短かったため、永野校長はやや自己流の方法を、強引に推進した。教官は講義を禁止されて、生徒は自学研究し、わからない点を各個に教官に教わるという方式をとった。この方法は、できる生徒にはよかったが、できない生徒は苦労したとのことである。このとき設けられた自選時間、つまり自習時間は、その後も長く、教科時間として、時間割表の上に残されていた。

海兵の教育で戦後よく話題になるものに、大戦末期の井上成美校長の英語教育の継続、そして短縮教育への反対がある。敵の文字撃滅といわれて、世間では英語が禁止され、教官たちもその意志を持っていた時期に、校長だけが英語教育の推進を主張したのである。もっとも陸軍幼年学校でも、大戦末期になってから英語教育をはじめており、軍の内部では、かならずしも英語が排斥されていたわけではない。中学校でも軽視されたにせよ、規則上は英語が廃止されずに残っていた。

大正九年に、海軍でも陸軍の少尉候補者学生に相応する選修学生の制度を設け、海軍兵学校で教育をはじめた。約一年の課程を修了したものは、准士官に昇進し、特務士官への道を進む。かれらは特務士官としては人事上、海兵出身士官同等に扱われることになっていたのであり、この課程を修了していない一般の特務士官よりも、権限が広かった。しかし実際には、制度的にその能力を活かしきることが、できなかったようである。

海大学歴のない木村中将

ひげの木村として知られていた木村昌福少将は、ポツリといった。

「帰ろう。帰ればまたくることができる」

昭和十八（一九四三）年七月十五日、アリューシャン列島のキスカに向かっていた第一水雷戦隊の駆逐艦群は、旗艦「阿武隈」を先頭に、幌筵の泊地に艦首を向けなおした。キスカ島では、五千名余の陸海軍の将兵が、撤退のために、木村の戦隊の出現を待っていた。すでにキスカ到着予定日から五日が過ぎていたが、期待していた煙幕としての霧が出現せず、戦隊は、キスカに接近できないでいたのである。

霧を利用しなければ、駆逐艦群が、戦艦をはじめとする強力な米艦隊に撃滅されるのは、目に見えていた。ここで引き返せば、上級の第五艦隊司令部から卑怯者呼ばわりされることも、目に見えていたが、それにもかまわず、木村はつぎの機会を狙ったのである。

七月二十六日に予定した二回目のキスカ接近時にも、霧はなかなか現われなかった。それでも辛抱強く待った結果、二十九日になってようやく、霧の中をキスカに接近し、米艦隊に気づかれることなく、撤収部隊の艦上収容を終わった。

帰途、米潜水艦が浮上しているのを発見して、先任参謀が攻撃すべきかどうかを木村に聞いたところ、任務外のことをして、任務に支障をあたえるべきではないと返辞をしたという。いたずらに功名をもとめたり、他の思惑を気にしたりすることのなかったかれの言動は、関係者に深い感銘をあたえている。

この木村少将は、終戦後にではあるが、中将に昇進した。海兵卒業席次が、百十八名中の百七番であるので、平時であれば、中佐で予備役になっていた可能性が強い。それが同期生の戦死昇進をふくむ二十九名の中将の中の一人になったのであるから、異例である。やはり駆逐艦乗りとしての技術に、優れたものがあったと同時に、この作戦の成功が買われたのであろう。

かれのこのような海兵卒業席次では、当然のことながら、海軍大学校にも、中央での勤務にも、縁がなかった。海軍は、海軍大学校の成績をそれほど重視しなかったといわれているが、やはり提督の多くは、海軍大学校甲種学生の課程を卒業していた。そうでない提督も、海軍兵学校の卒業成績が上位であるのが普通であり、外国での勤務や、中央部での勤務をすることが、提督への道になっていた。

首相になった米内光政大将は、海兵の卒業成績が、百二十八名中の六十五番であって、海兵の成績を重視した昭和時代に若い士官であったならば、大将になるのはむずかしかったであろう。しかし、海大での成績を重視していた時代に、海大甲種学生の課程を卒業したため、卒業後は急速に席次をのばし、大将にまでなった。

このような重要な意味をもっていた海軍大学校への入学や中央部での勤務に縁のなかった木村が、中将にまで昇進したのは、異例中の異例であった。

陸軍大学校卒業者が、その卒業徽章の形から天保銭と呼ばれて、出世の代名詞にされていたことは、よく知られているので詳説しないが、このような重要な学校であった陸軍大学校と海軍大学校の教育の歴史についてみておくことは、必要なことであり、これにもふれておこう。

陸大と海大の教育

陸軍大学校第一期生が明治十六（一八八三）年に入学したことは前にふれたが、海軍大学校はやや遅れて、明治二十一（一八八八）年に、築地の海軍兵学校跡地に誕生した。両校の性格はややちがっており、陸大が参謀官養成を明示したのに対して、海大はどちらかといえば、技術を教える学校であった。

最初の海大学生は甲、乙、丙に区分されており、甲号学生は砲術、水雷術を学ぶ大尉、乙号学生は佐官または大尉であって、軍事に関する特定の課題を研究した。また丙号学生は、高等数学等を学ぶ少尉であった。日本海海戦の聯合艦隊参謀長で、首相になった加藤友三郎は、第一期の甲号学生として学んでいる。

このような教育は、英国のグリニッチ海軍学校の教育を模したもののようである。その後、海大では、軍医官の教育を実施したこともあり、機関学生の教育も実施していて、なかなか方向が定まらなかった。明治四十（一九〇七）年に砲術学校、水雷学校が形をととのえるまでは、そこで行なうべき教育も担当していたのであって、あくまで高等技術の学校であった。乙号学生は、のちに選科学生と改称し、大正時代になってからは、帝国大学などの、主として理工系学部に、聴講生として選抜派遣されたものも多く、陸軍砲工学校の員外学生と同じような性格のものになっていた。

このような技術的傾向の強い海大でも、明治末期からは少しずつ、戦術や司令部業務の教育をするようになった。日露戦争の日本海海戦開始にあたり、「敵艦見ユトノ警報ニ接シ聯合艦隊ハ直ニ出動之ヲ撃滅セントス本日天候晴朗ナレドモ浪高シ」の電報を発信させたことで有名な参謀秋山真之中佐は、海大には入っていないが、米国留学帰国後の明治三十五（一九〇二）年に、戦術教育のために海大教官になっている。

このような教育を、最初からいくらかでも実施していたのは、主として、甲号学生の課程である。この学生は陸大同様に、試験によって選抜されていた。この課程はその後、将校学生、さらに明治三十一（一八九八）年に甲種学生と呼ばれるようになった。

海大の各種課程は、最終的には、甲種学生、機関学生、選科学生および昭和十一年発足の特修学生（大・中佐）の四つに区分されることになるのであるが、その中でもっとも重視されたのは、甲種学生の課程であった。戦術や司令部業務の教育は、この甲種学生の課程で実施されたのである。

この種の教育が、海軍では、陸軍ほど重視されなかったのは、戦術そのものの発達が遅かったためである。日清戦争の黄海海戦における単縦陣の戦法は、開戦の少し前に考えだされたものであるという。海上戦闘は、陸上戦闘のように地形地物を利用するということがないため、戦術も比較的単純になりやすく、海大の教育上も、戦術よりは軍艦の運用一般の方に目が向きがちであった。

また海大の教育期間は、甲種学生で二年であって、陸大の三年より短いうえ、卒業後の人事取り扱い上も、陸大卒業者ほど優遇されてはいない。海大は、昭和七（一九三二）年に築地から目黒駅に近い地に移ったが、日華事変以後は、閉校されている期間の方が長かった。

陸軍大学校は、明治二十四（一八九一）年に青山に新校舎を建設して、和田倉門から移転したが、教育内容は、メッケルによって伝えられたものをほとんどそのまま伝承して前大戦にいたった。ただ昭和八（一九三三）年に、新しく専科学生の制度を設けたことと、同じころ、大正十二（一九二三）年に発足した専攻学生の制度を発展させて、研究部を編成したことが、大きな変化であったといえる。

専科学生というのは、試験選抜した兵科の少佐、大尉を、一年間の速成教育で参謀にする制度であり、多い年には七十名も採用されて、拡張する陸軍の参謀供給源になった。終戦後、一家で自決をした沖縄出身の大本営報道部員親泊朝省大佐も、専科学生出身であり、ガダルカナルで第三十八師団参謀として活躍した。

このほかに昭和十二（一九三七）年、航空兵の少佐、大尉に四ヵ月間の教育をする航空学生の制度も発足したが、二回の教育をしただけで中断した。その他の課程は、期間の短縮はあったものの、戦争中も継続しているところが、海大とはちがっている。

もっとも、一年間に短縮されていた正規の陸大学生の課程が、昭和十九（一九四四）年末にいったん中止されながら、翌年二月に半年間の課程として復活し、その他の課程は中止されたままであったという経緯がある。陸軍には、参謀教育を受けた参謀の存在が欠かせなかったためである。

実施学校、術科学校

陸軍でいう実施学校や海軍の術科学校は、実務についての教育、研究を実施する学校であって、教育期間は、二、三ヵ月から一年ぐらいである。陸海軍ともに、最初に設置されたのは、射撃や砲術に関するものであった。

陸軍では明治十九（一八八六）年に砲兵射的学校が設置され、のちの陸軍重砲兵学校と陸軍野戦砲兵学校の祖になったが、歩兵の射撃については、士官学校から分離独立した戸山学校で教育されていた。戸山学校が独立したのは明治六（一八七三）年であって、この種の学校としてはもっとも古く、小火器の射撃のほかに、体育学校でもあった。

初期のフランス式陸軍では、大砲は非常に重視されていたのであり、フランスからの派遣教師団にも、幕末のブリューネ大尉や明治五年のルボン中尉のように砲兵将校がふくまれていた。しかし、肝心の日本の砲兵そのものは未発達であり、編制表の上で各鎮台に所属するようになっていた海岸砲隊などは、実体がない有様であった。

国内にあったのは、戊辰戦争当時の四斤青銅砲が主であり、数も十分ではなかったのである。西南戦争に参加した大砲は、百九門でしかなかった。西南戦争終了後、ドイツのクルップ砲を大量に装備する考えもあったのであるが、国内での製造能力の関係もあって、イタリア式青銅砲を自鋳することになり、大阪砲兵工廠で製造をはじめたのが、明治十五（一八八二）年であった。

ここで製造された七センチ野・山砲が各隊に装備されはじめたのは、明治十九年ごろである。砲兵射的学校が設立されたのもこのころであって、ようやく軍備の拡張が、軌道に乗ったころのことであった。

このころ海岸要塞の整備も進行しつつあり、ここに装備する十二センチから二十八センチの海岸砲の製造も、はじまっていた。これが東京湾口の観音崎をはじめ、各地の海岸防備につくようになると、このための射撃学校が必要になる。そこで砲兵射的学校はまもなく、野戦砲の学校と重砲（海岸砲）の学校に分かれたのである。

ついでながら、二十八センチ青銅製の海岸砲は、日露戦争時に旅順に運ばれ、旅順要塞と港内の軍艦の射撃に用いられたのであるが、軍艦の上部構造物を破壊する程度の威力しかなく、関係者を落胆させた。この砲は、海岸防備本来の目的で火を吐くことはなかったが、なかったのが幸いであった。

日露戦争にまで青銅砲を使った陸軍とちがって、海軍は、初期から鋼製砲を使用しており、威力が大きかった。旅順砲撃のさいも、海軍陸戦隊の大砲が、威力を発揮している。もっとも、幕府から引き継いだ初期の軍艦に装備されていたものには、旧式砲が多かったのであるが、明治十（一八七七）年ごろから、鋼製クルップ砲への換装が行なわれている。そのころイギリスに発注した軍艦にさえも、大砲だけはドイツ製のクルップ砲を積むように注文しているのであり、海軍の射撃重視の態度が現われている。日本の技術者は、クルップ砲とイギリスのアームストロング砲の実射による比較検討をしていたのであり、その結果が、クルップ砲重視になったのである。

当時の海戦はすなわち砲戦であり、砲の性能を重視するのは当然のことであった。同時にその射撃術も重視され、明治十四（一八八一）年には、そのための専門練習艦に、「浅間」が指定されている。

砲術につづいて重視されたのは、水雷術であり、明治十四年には、日本で初めての水雷艦が装備された。それとは別に、敷設水雷の研究は、海軍の歴史とともにはじまっていたのであり、明治十二年には、水雷術練習艦に、「摂津」が指定されている。

このように、初期には艦上で行なわれていた砲術や水雷術の教育は、明治二十六（一八九三）年からは、陸上でも行なわれるようになった。この年、海軍砲術練習所と海軍水雷術練習所が、陸上施設として誕生したのである。この練習所は、日露戦争後にそれぞれ海軍砲術学校、海軍水雷術学校と名称を変え、海軍の術科学校のはじまりになった。

昭和の時代には、各術科学校は准士官以上の学生と、下士官、兵である練習生の教育を担当した。それぞれの教育は、普通科、高等科、特修科などに区分されていた。海兵を卒業して少尉に任官したものは、中・少尉の時代に一度は普通科に入り、水雷、砲術などの、どれかの分野の専門家になるための教育を受ける必要があった。

高等科や特修科は、とくに選抜されたものが入る上級または特別の課程であり、昭和に入ってからの士官人事上は、海大甲種学生よりも、この高等科の成績が重視される傾向にあった。

練習生の普通科には、兵全員が入るわけではない。とくに勤務年限が短い徴兵は、入学機会が少なかった。古参兵のうちから選抜されて普通科に入ったものは、それだけで名誉なことであり、下士官、兵は、その卒業者であることを示すマーク（特技章）をつけたのである。ましてて高等科を修了した者は、神様的存在であり尊敬された。

陸軍の実施学校の学生は、下士官と将校である。徴兵が建て前である陸軍では、兵が学校教育を受けることは、特別な場合以外はなかった。将校学生は、明治時代には大・中尉の甲種と中・少尉の乙種に二分されているだけであって、海軍の高等科と普通科に相応したといってよい。しかし、その後、各種の学校が設立され、学生の出身も単純ではなくなるにつれて、四区分も五区分もされるようになった。

教育の内容程度も、兵科によって相違があり、砲兵や工兵は、少尉任官後砲工学校を経て、それぞれの実施学校で教育を受けることになっていたが、歩兵の場合は、実施学校に入ったことがない者も、珍しくはなかった。

陸軍の場合は、下士官でも実施学校に無縁の者が多く、下士官候補者の教育が教導団などで行なわれていた明治三十二（一八九九）年以前と昭和二（一九二七）年以後を除いては、歩兵下士官は、所属聯隊でのみ生活したのである。

しかし、歩兵科以外の下士官は技術的要素が強いので、実施学校に入る機会も多く、とくに昭和八（一九三三）年以後は、各実施学校に下士官候補者の課程が置かれたので、かならず一度は、校門をくぐることになった。

砲兵関係については前述したが、その他の陸軍の実施学校は、明治二十一（一八八八）年に、乗馬学校、後の騎兵学校ができて以後しばらく新設がなく、第一次大戦以後になって、工兵学校、通信学校、自動車学校、戦車学校、防空学校などが、つぎつぎに誕生した。

海軍の方では、大正九（一九二〇）年に潜水学校、昭和五（一九三〇）年に通信学校、やがて航海学校が発足し、戦争になってから、工作学校、電測学校、気象学校が現われた。

なお陸軍の甲・乙種幹部候補生の制度ができてからは、実施学校にも幹部候補生隊が置かれ、各科の教育を行なっている。これら幹部候補生隊に入る対象になっていない、主として歩兵の幹部候補生については、陸軍予備士官学校（盛岡、豊橋、久留米など）で、一年足らずの教育を実施した。同じような、海軍の幹部候補生である飛行予備学生は、練習航空隊で一年半の教育を受け、一般水兵科予備学生も、館山砲術学校と各術科学校で、通算一年半の教育を受けている。

このような教育が、戦争の進展とともに期間短縮、場所の変更を受けたことはもちろんである。

各部科の教育

軍医、主計など陸軍の各部や海軍の各科の教育は、基本的には兵科の教育と同じである。細部は各部科別に章を改めて記述するので、ここでは概説するにとどめる。この教育における陸海軍の大きな相違は、海軍では明治四十二（一九〇九）年から、海軍兵学校と同じような生徒教育を、築地の海軍経理学校で行なっていたことである。

教育内容は、航海や砲術の代わりに、会計学や経理学を教えただけのことである。卒業後、遠洋航海にも出ている。陸軍が同じような経理学校生徒の採用をはじめたのは、昭和十一（一九三六）年になってからである。軍の拡張のため、それまでのように大学や専門学校卒業者を経理部士官に採用することは、員数的に問題がでたからであった。生徒の教育は、会計学などのほか、戦術や中隊教練まで実施している。

経理学校では陸海軍ともに、生徒教育のほかに実施学校や術科学校としての教育も実施しており、また、大学経済学部などの卒業者の、幹部候補生としての教育もここで実施した。経理関係の総合学校であったのである。

東京の戸山にあった陸軍軍医学校と、築地にあった海軍軍医学校も、総合学校ということでは経理学校同様である。ただ生徒教育は、実施していない。現役軍医は、兵役の章で述べたように、大学などの医学部在学生を、依託学生という形で採用したり、その卒業者を軍医として採用したからである。

軍医学校は軍医だけではなく、薬剤、歯科、衛生（看護）の各教育も行なっており、いそがしい学校であった。そのほか陸軍だけのものとして陸軍獣医学校があり、昭和十七（一九四二）年の法務部新設にともなう陸軍法務訓練所の開設もあった。

第九章　軍の法務

密室の『軍法会議』判例集

制度のはじまり

明治新政府の法制の整備に努力し、明治五（一八七二）年に司法卿になった江藤新平は、翌年の西郷隆盛らによる征韓論に同調して職を辞し、佐賀に帰った。江藤の周囲には、新政府の施策に反対する不平士族たちが集まってきたが、明治七（一八七四）年二月、ついに佐賀の乱と呼ばれる暴動を起こした。しかし、烏合の衆にすぎない暴徒はまもなく鎮圧され、捕えられた江藤は斬首のうえ、梟首（さらし首）の刑になった。

江藤が司法卿として定めた改定律令には、梟首の制度はないが、臨時の処刑であったという。

海陸軍刑律が定められたのは、明治五年二月十八日である。その中に示されている刑罰には、自裁、閉門、杖三十、笞二十などがある。当時は、和姦であっても婚外性交は、杖七十の刑を受けた。割竹をこよりで巻いたもので、背中や尻を叩かれるのである。そのような刑罰は、西洋人からみると、野蛮な風習であった。

明治新政府は、幕府時代に結ばれた諸外国との不平等条約を改めようと努力していたが、不平等の内容の一つに、欧米人が日本で犯した犯罪を日本側が裁くことができないという、治外法権の問題があった。

ペリーの黒船は、浦賀に現われる前に沖縄の那覇に停泊し、給炭給水の基地にしていたが、水夫たちは、ことばが通じないこともあって、店の品物を奪ったり、酔って暴れたりしていた。一八五四（嘉永七）年六月、ペリーが再度江戸湾に赴いた留守中に、ボードという男が酔って人家に押し入り、女性を犯した。騒ぎを聞いて集まってきた人々は、ボードを追い、石を投げ、ボードは海に落ちて、溺死してしまった。

これを知ったペリーは、ボードに原因があることは認めながらも、その後に来島する欧米人のためにという理由で、犯人の厳罰を琉球王府に要求した。琉球側ではやむをえず、投石者を殺人犯にしたてあげて、アメリカ士官の立ち会いのうえ、流刑として処断した。

ペリーは、この琉球の裁判に非常に興味をもっており、「我々の祖先が行なった酷刑」に等しいやり方で犯人を糾問したと、書き残している。

このように日本側に裁判をさせると、どんなことになるかわかったものではないという、欧米人の日本人不信感が根底にあったため、不平等条約を成立させたのであろう。そこでこれを改正するためには、国内の法制を、欧米式に整備する必要があったのであり、政府はまず、そこから手をつけたのである。

明治四（一八七一）年十一月から明治六年七月の長期にわたって、右大臣岩倉具視を大使とし、木戸、大久保、伊藤などの新政府の中心人物四十八人をメンバーとする一行が、欧米を巡歴した。本来の目的は不平等条約改正にあったが、信任状を持参するという欧米の外交交渉のルールさえ知らない一行のことであり、まず欧米の制度を調査することの方がさきになった。この一行の帰国後、日本の法制の欧米化は、少しずつ手をつけられたのである。

明治六（一八七三）年三月には、フランスの法学博士ボアソナードなどを、法律専門教師として司法省に招き、刑法、民法の制定準備をはじめた。その結果、明治十三（一八八〇）年七月になってようやく刑法が発布され、それと並行して準備が進められていた陸軍刑法、海軍刑法も、十四年末には発布の運びになった。西欧式、それもフランス式の法律第一号は、刑法であった。この制定で、むちうち刑などの古い刑罰は廃止されたのであり、近代法制は、ようやく第一歩を踏みだすことができた。

明治十四（一八八一）年という年は、刑法の制定だけではなく、裁判所や警察の制度も新しくなった年であり、軍の法務関係の制度がととのったのも、この年であった。

まず明治十四年一月に、東京憲兵本部を置くことになり、一千名ばかりからなる憲兵隊が、初めて編成されている。それ以前にも憲兵という兵科はあったが、屯田兵以外には実体がなく、ここで初めて、陸海軍にわたり軍事警察を主たる任務とする憲兵が発足したのである。

翌明治十五（一八八二）年九月には、陸軍の軍法会議が東京鎮台に置かれ、明治十七年には海軍治罪法の制定があって、海軍の軍法会議の制度が明らかになった。軍法会議は、軍紀の維持のために西欧の近代軍隊がかならず備えていたものであり、一般の司法裁判所に対する特別裁判所として、天皇の統帥権の下にあった。

新政府の発足当初は、軍務官およびその後身である兵部省の中に、糺問司が置かれて、法務を担当していたのであるが、明治五年の陸海軍省の発足により、陸軍裁判所、海軍裁判所が、これを引き継いだ。各鎮台の軍法会議は、この裁判所から派出された専門家をふくむメンバーで、必要のつど開催されていたのであるが、前記の時点で、形式のととのった常設の軍法会議の制度が、はじまったのである。

明治十五年ごろは、法制が整備されたというだけではなく、その整備が必要な状況が、軍の内部にあった。軍人勅諭が発布されたのが明治十五年であるが、明治十一年に近衛砲兵隊の兵が引き起こした竹橋事件に代表されるような軍内の不秩序に対応するための処置であった。

軍人勅諭は、単なる訓示のような性質のものであるが、明治十四年に近代的なものに改められた陸・海軍刑法は、刑罰の威嚇をともなっていた。陸海軍省に、軍法を扱う課が置かれたのもこのころであり、また、陸海軍の監獄署も新設されている。

軍刑法に触れない程度の軍紀風紀の違反は、軍法会議の事件ではなく、懲戒懲罰として、それぞれの指揮官が処置する事件である。

この処置について定めた陸軍懲罰令は、徴兵がはじまった明治六（一八七三）年に定められており、海軍の懲罰仮規則も、明治七年には通達されている。それらの規則も、法制が整備された明治十五年前後には、何度か改正されて形をととのえた。営倉に短期間監禁する懲罰は、刑法上のものではなく、懲罰の規則によるものである。

以上のように軍の法務関係の制度は、明治十年代の半ばにはほぼ形をととのえたのであり、以後は、これを基にした改定にとどまったのである。

軍法会議

明治五年に初めて、鎮台本分営罪犯処置条例が定められ、その中に、鎮台の軍法会議の構成や処置法の概略が示されていた。それによると、軍法会議の構成メンバーは、犯罪人の階級によってちがい、たとえば大尉の犯罪人に対しては大佐を長とする七名がメンバーになるが、下級の犯罪人に対しては、少佐や大尉が長になることがあった。そのほかに副官と、法務専門の文官である主理が、検察官役を勤め、書記と曹長が、補佐役を勤めることになっていた。

会議の結果、死刑にあたると思われる場合は、陸軍裁判所に送って、改めて審議している。このような軍法会議の方法は、海軍も似たようなものである。

明治十六（一八八三）年の陸軍治罪法、翌年の海軍治罪法の制定によって、軍法会議の長は判士長と呼ばれ、その他の会議員は判士と呼ばれることになった。主理が検察官を勤めることは、海軍では、それまでと同様であったが、陸軍の場合は、副官と憲兵将校、同下士が検察官を勤め、主理は理事と名を変えて、判士の一員になった。

軍法会議が置かれる部隊などは、陸軍では軍団、師団、旅団である（のち軍と師団）。戦時、事変のさいには、敵に囲まれた合圍地に、合圍地全体のためのものが置かれた。海軍の場合は、東京、各鎮守府、艦隊と合圍地に、それぞれ置かれている。のち大正十（一九二一）年に、陸海軍ともに、東京に高等軍法会議が置かれ、将官の事件と上告事件を扱うようになった。

インパール作戦のとき、牟田口軍司令官が、佐藤師団長を抗命罪で軍法会議にかけようとしたが、将官の事件は東京で裁判することになると聞かされて、処断をあきらめたといわれている。

大正十年の改正で、法務専門の陸軍の理事、海軍の主理などは法務官と呼ばれるようになり、軍法会議専門の裁判官、検察官ともいうべき存在になった。法務官は大学法学部出身者で、身分は文官であり、昭和十七（一九四二）年になってから、武官としての階級をあたえられた。戦地での犯罪を裁くためには、武官の身分にすることが必要であると認められての改正であった。

海軍では大正十年の改正後も、法務官が検察官役を勤めたが、陸軍ではやはり、主として憲兵将校が勤めている。海軍には憲兵が存在しなかったため、法務官を検察官にあてざるをえなかったのである。法廷には裁判官役と検察官役のほかに、弁護人や書記などが必要であるが、弁護人は、士官以上や高等文官のうちから選任され、書記は文官である録事が勤めた。そのほかにも、犯人の警護にあたる警査（文官）が在廷した。

ここで二・二六事件について、実際の軍法会議の状況を拾ってみよう。

昭和十一（一九三六）年二月二十六日、安藤輝三大尉、野中四郎大尉、栗原安秀中尉、中橋基明中尉などに率いられた歩一、歩三、近歩三の各聯隊の兵など千数百名は、総理大臣官邸ほか重臣各邸を襲撃し、高橋蔵相、斎藤内大臣、渡辺教育総監などを殺害した。

この事件はその後、緊急勅令によって三月四日に特設された東京陸軍軍法会議で審判され、四ヵ月後の七月五日に、主謀者に対する判決がいい渡された。起訴されたのは、将校、元将校十九名をふくむ百二十三名であり、将校、元将校のうち十六名は、死刑をいい渡されている。

元歩兵大尉であった村中幸次および元一等主計の磯部浅一は、免官者であって軍人ではなく、西田税も、予備役少尉ではあったが少尉として行動したわけではないので、軍法会議上は、常人（民間人）として取り扱われた。また判決上は、安藤大尉以下、元将校の扱いを受けているが、これは二月二十九日付で、位記返上、免官の扱いになったためである。

この裁判が行なわれた特設軍法会議というのは、合圍地軍法会議その他の臨時軍法会議を総称するものであり、戦地や戒厳令が施かれた地域で、行なわれるものである。二月二十七日、東京市には戒厳令の一部施行が発令されていたのであり、このため、特設軍法会議が設けられたのであった。

戒厳令下の軍法会議では、民間人を裁くことも可能であり、純粋の民間人である北一輝を処断することができたのである。それが不可能であったとしても、軍律違反に加担した民間人として、通常の軍法会議で裁くこともできたのであり、いずれにしろ、軍法会議で処断したのは当然の処置であった。なお戒厳令が解除されたのは、判決いい渡し後の、七月十七日であった。

軍法会議は、一般に起訴から判決までの期間が短く、窃盗ていどの簡単な事件であれば、二週間以内であることが多い。それにしても、二・二六事件の判決までが四ヵ月というのは、内容の複雑さと対象者が多数であったわりには、短い期間であった。もしこれを現在の日本で裁くとすると、数年以上かかるものと思われるが、臨時軍法会議であればこそ、そのような短期間に結果がでたのであった。

安藤大尉以下の主謀者は、事件後、衛戍刑務所に収容されて、匂坂法務官以下七名の検察官の取り調べを受け、一般の兵は、各兵営内で憲兵隊の取り調べを受けた。軍部外の関係者である北一輝、西田税などは、憲兵隊や警察に検挙されて、取り調べを受けている。起訴されたのちは、審理が迅速に進められており、その状況は、一般には知らされていなかった。証人や弁護人は、一切認められていない。七月五日の判決を担当した裁判長は、石本寅三騎兵大佐であり、ほかに村上、河村の両少佐、間野大尉、藤井法務官が、裁判官としての職務を果たした。

死刑の判決を受けた首謀者が、現在のNHK放送センターに近い代々木刑場で銃殺刑に処されたのは、七月十二日である。

なお、戒厳令は外国占領地には適用されないので、占領地住民を軍政下に置く場合に、軍法会議ではなく、類似の軍律会議で処断することをしている。

戒厳令

二・二六事件のさいに適用された戒厳令は、現在の日本には存在しない法令であり、軍事司法を理解する上で、知っておくことが必要であろうと思われるので、簡単に説明しておく。

戒厳令は二・二六事件のときだけではなく、日清、日露の両戦争のときと、日露戦争直後の明治三十八（一九〇五）年の日比谷焼き打ち事件のとき、および大正十二（一九二三）年の関東大震災のときに適用された。

　戒厳は、警察だけでは治安を維持することができない状態下に、天皇によって宣告されるものであり、その内容、方法などについて定めたものが、戒厳令である。戒厳が宣告された地域では、軍隊が治安の維持にあたり、戒厳司令官という責任者が任命された。

　諸外国には現在でも、この制度があるが、日本国憲法には規定されていない。外国でも戒厳が宣告されるのは、比較的政情が不安定である後進国に多く、日本での、戦前に五回という数字は、それほど多いものではない。この宣告をすることは天皇の大権事項であり、かるがるしくは宣告されなかった。

　戒厳令は明治十五（一八八二）年に定められ、フランスの制度を参考にして、戦時を予想した規定になっている。大日本帝国憲法が定められたのが明治二十二（一八八九）年であるから、それよりも早く定められたのであるが、その後、改定が問題になりながらも、改められることなく終戦の時代にいたったのである。各政党の反対のため、法律の形に改めることがむずかしく、結局そのままになったというのが実状であった。

　日清戦争時の戒厳は、明治天皇が大本営を広島に進められたため、広島地域に限って宣告されたのであるが、戒厳は、全国的に宣告されることはまれである。指定された地域内では、警察、裁判、行政のうち軍事に関係するものはすべて、戒厳司令官が担当することになっていた。しかし、実際に司令官が掌握する範囲は、そのときの状況によってちがっていた。

　二・二六事件のときの戒厳司令官は、東京警備司令官であった香椎中将である。有名な「兵に告ぐ」ではじまる奉勅命令は、司令官から反乱軍の兵士に伝えられたのであった。

戒厳時の司令官の権限は、戒厳に必要な範囲に限られているため、占領地軍政よりは権限が狭い。また朝鮮や台湾など、施政権がおよんでいる地域に宣告されることはあるが、そのほかの外地には、戒厳令の適用はない。この点で軍政とはちがっているので、混同しないようにする必要がある。

関東大震災時の戒厳は、地震そのものに対して宣告されたのではなく、自警団が朝鮮人らしいものを捕えては殺害する騒ぎが起こったためにとられた処置であり、京浜地域に宣告された。

無政府主義者の大杉栄が、東京憲兵隊麴町分隊長の甘粕正彦大尉に、取り調べ中に殺害されたのは、このような戒厳状態で生じた事件であった。なお大杉は、名古屋陸軍地方幼年学校を、傷害事件を起こして退校になった経歴をもっており、新聞記者であった神近市子に愛情問題で刺されるなど、憲兵隊からは目をつけられやすい存在であった。

憲兵隊

甘粕事件をはじめとして、憲兵に対する一般のイメージはあまりよくないようである。一般だけではなく、軍内でも嫌われることが多い因果な兵科であった。服装の上で兵科を区別する、襟などの定色が黒であるというのも、暗いイメージにつながりやすい。

憲兵は、部内でイヌと呼ばれることもあった。憲兵の養成所である憲兵練習所（昭和十二年、憲兵学校）の敷地が、徳川時代の犬公方綱吉の時代の犬小屋跡だというのも、因縁めいている。ＪＲ中央線の中野駅に近いこの土地には、大戦中に中野学校も設けられており、平成十三年まで、警察大学校など同系の施設があった。

憲兵の任務は軍事警察を主とし、行政警察、司法警察を副とした。軍事警察は、軍紀風紀の取り締まりをはじめ、犯罪の予防にもわたるので、情報収集、制止など、他人の身辺につきまとうことが多く、嫌われる原因になっていたようである。

また、軍機の保護など、軍事に関係がある場合には、民間人にまで権限をおよぼすことが可能であり、警察官不在時には、警察官の担当分野にまで手をだすことができたので、民間人との接触も多かった。このため軍部の勢力が強くなった時代には、権限を拡張解釈して、民間人に対しても積極的に行動することが多くなり、嫌われることが多くなった。

明治十四（一八八一）年に憲兵隊が創設されたころは、自由民権運動が盛んになっていた時代であって、その関連の暴動などに、憲兵隊が出動することも多かった。明治十七年に、秩父国民党を名乗る農民たち千人以上が蜂起した秩父事件のさいには、まず憲兵二個小隊が派遣されている。

前述したように海軍には憲兵隊はなく、陸軍の憲兵に、海軍兵に対して権限を行使することが認められていた。軍紀風紀の違反事件に対しては、同階級以下の者に対してはその場で修正処置をとり、上級者に対しては違反であることを告げることができたが、海軍兵に対してこのような処置をとると、感情問題に発展する場合があり、不具合があった。

三国同盟に反対の立場をとっていた山本五十六海軍次官が、右翼に狙われる危険があったため、憲兵隊が護衛をつけたところ、海軍側ではこれを、憲兵の情報収集の手段であると受けとったという元憲兵の回想がある。陸軍が賛成している三国同盟に、反対しているからであるというが、真相はどうであったにせよ、このような感情のもつれが、憲兵の行動を介して生ずることは多かった。

警察と憲兵との間にも微妙な感情があり、いわゆるゴー・ストップ事件は、その一つの表われである。

昭和八（一九三三）年六月、大阪第四師団の歩兵第八聯隊所属、中村一等兵が外出中に、天六交差点で赤信号を無視して道路を渡ろうとしたため、近くにいた戸田巡査にとがめられた。巡査は、一等兵を近くの交番に連れこんだのであるが、一等兵が殴りかかってきたため乱闘になり、ようやく取り押さえたところに、憲兵が駆けつけたのである。

憲兵が動いたことで、事件は上層部に報告されて大きな問題になり、師団長と大阪警察部長、ひいては知事との対立が生じた。これが陸軍と内務省との対立にまでなり、相互に謝罪を要求し、巡査と兵士の影は正面から消えてしまった。事件の解決もまた、上層部の政治的な決着によったのであるが、憲兵の出動があったために、決着に五ヵ月を要する大事件になったのである。

軍と警察とは、もともと明治の初めから対立的であった。明治六年には、兵隊と邏卒の衝突禁止令が出されているほどであり、両者の間には、血を見る乱闘があることも、珍しくなかった。明治十二（一八七九）年に示された山県有朋の軍人訓戒には、とくに警察官と仲よくするように述べられているほど、大きな問題になっていたのである。憲兵は、このような両者の間に立つ存在であり、つねに両方に気をつかう必要があったが、両方から憎まれることになりがちであった。

憲兵隊は中・少将の憲兵司令官の下に、東京、横浜、仙台など、主として師団司令部が存在する地に置かれた。隊長は平時は大佐、大戦中は少将の場合もあった。各隊は、主として聯隊所在地ごとに置かれる分隊に区分され、分隊長は少佐、大尉であった。各分隊の人員は、少ないところは十名たらずであって、兵力が不足しがちであった。

このため戦争中や災害、事変時には、歩兵などを臨時に補助憲兵として、使用することがあった。補助憲兵は、正規の憲兵が臨時の教官になって行なう短期間の教育を受けてはいるが、能力は十分ではない。しかし、赤字で憲兵と書いた腕章をつけているので、外観は正規の憲兵との区別をつけにくかった。このため民間人の憲兵に対する悪印象を、いっそう助長する場合があった。

また朝鮮、台湾などには、憲兵の業務の補助として、憲兵補が置かれた。憲兵補は、現地人の中から採用した軍属である。憲兵が現地人と接触する機会は、当然多かったのであるが、情報を収集したり、群衆を整理したりするような場合は、ことばの問題もあって、現地人を補助に使うことが、必要であった。憲兵補の制度は、このような要求から生まれたものであり、適性がある者を選抜して、憲兵下士官以下に準ずる階級をあたえて、勤務させた。

憲兵は独立した兵科ではあるが、平時は師団長の指揮を受けることもなく、陸軍大臣の管轄下にあって勤務した。人事、補充も特殊であって、士官学校卒業者や新兵が、いきなり憲兵になることはなかった。将校は中尉や大尉のころに、兵は下士官候補者の資格が生じたころに、他兵科から選抜され転科したのである。

転科後は、憲兵練習所で約一年間の教育を受けて、憲兵隊に配置されるのであるが、もともとが法律の素養に乏しい士官学校や下士官出身者、あるいは下士官、兵であり、とくに将校の場合、大学法学部出身の法務官に互して、司法警察あるいは検察業務を実施することには、問題があった。もっとも、軍法会議の裁判役を勤める将校は、憲兵以上に法的素養には欠けるのであり、軍法会議が暗黒裁判視される理由は、このようなところにあったのであろう。

監獄

軍法会議に起訴された者や、懲役などの判決をいい渡された者を収容する、陸海軍別の刑務所が、主として師団や鎮守府所在地に設けられていた。明治時代にはそれが、監獄と呼ばれていたのであり、司法省での呼称と同様であった。

別に陸軍には、拘禁所と呼ばれる拘禁をする場所があり、また、海軍の要港部で監獄にあたるものは、留置所と呼ばれていたが、法令上の軍の監獄は、このようなものもふくんでいた。看守が入監者を監督することや、刑の服役方法は、軍の場合も一般の監獄同様である。

監獄または監獄にふくまれる拘禁所のほかにも、陸軍各隊には、営倉と呼ばれる懲戒処分上の拘禁所がある。また、憲兵隊には、警察と同じ留置場があった。これらが監獄に代用されることは、警察の留置場と同じであった。

平時の陸軍で、年間に懲役、禁固の判決を下されるものは、五百名前後にものぼっており、監獄が満員になることがあった。代用監獄は、このような場合のほか、監獄所在地から遠い場所で使用されている。

以上の施設とは別に、犯罪傾向が強い者を教育する施設である陸軍教化隊が、姫路に置かれていた。明治時代には、懲治隊と呼ばれていたものである。前の戦争中には隊数、施設数も増やされている。ここは、海軍兵を教化するためにも使われており、共用の施設であった。

もっとも陸軍と海軍とでは、教練の方法にいくらか相違があり、教化のために教練を行なう場合には、やややりにくかったようである。この場合のために、海軍では陸軍式で教化を受けるようにという、通達をだしている。教化は兵科にかかわらず、歩兵としての教育を通じて、行なわれている。

懲戒

明治五（一八七二）年の初め、陸海軍それぞれに、読法と呼ばれる服役心得のようなものが定められた。これには、脱走、窃盗、賭博、喧嘩などをするものは、処罰をすることが述べられている。これを具体化したのが、同年、定められた海陸軍刑律である。比較的軽い違反については、陸海軍それぞれに、懲罰令が定められている。海軍のものは正確には懲罰仮規則であったが、明治十八（一八八五）年に正式の懲罰令になっている。

懲罰の対象になる行為は、軽い服務規則違反ていどのものであり、定められた帰隊時間に遅れたり、勤務怠慢であったり、官物を傷つけたり、敬礼をしなかったり、服装規程に違反したりといったたぐいのものである。一般社会では問題にならない、軍服を着て傘をさすような行為が、懲罰の対象になったのであり、軍紀風紀を守らせることによって、戦闘中の命令に対する服従の習慣を育てようというのが、懲罰の目的であった。

懲罰の種類には、軽いものには口頭で注意をあたえるだけというものがあるが、これも記録には残って、進級などのさいに、不利な扱いを受けることになっていた。重いものには営倉入りがあるが、一ヵ月近くも拘禁される場合があった。なお営倉という名称は陸軍のものであり、海軍では海軍監獄に収容した。もっとも戦闘中や航海中には、そのまま職務に従事させることが多かった。

大正年間に陸軍で発生した懲罰事件に、つぎのようなものがある。A伍長とB上等兵が新兵を殴り、このため新兵が逃亡したという事件である。

某砲兵聯隊で聯隊長の検査があり、その準備中に、新兵のC二等兵が靴下を紛失したと班長に申しでた。Cはそれまでも紛失物が多かったので、指導を担当していたB上等兵は立腹して、ストーブ用の薪で殴りつけた。班長のA伍長もさらに尋問してみたが、返辞が要領を得ないので、手で五、六回殴打した。そのためC二等兵は兵営から逃走し、憲兵に捕えられている。

このていどの殴打事件は、表面に出ない限りは、不問にされるのが普通であるが、この場合は、伍長と上等兵は五日間の重営倉、週番士官であったD中尉は、譴責処分になっている。逃亡事件は軍法会議の処断事件であるので、事が大きくなったのである。

帰隊、帰艦の時間に遅れて、懲罰に付される事件は比較的多い。これは一時的な職務放棄とみなされるのであって、軍法会議で処断されるのではなく、それよりも軽い懲罰の形で処断されるのである。帰隊の意思がない逃亡事件は、徴兵がはじまったばかりの明治初年に多かったのであり、軍人勅諭が下された明治十五年ごろは、陸軍で年間一千名を越えていた。

やはり下士官にいじめられた新兵が逃亡するというケースが多かった。郷愁にかられて逃亡することも多く、とくに自宅に病母がおり、心配のために逃亡帰郷するといった場合も、徴兵制度の下では起こりがちであった。しかし、時代とともに、このような場合の対応処置の制度もととのい、軍人勅諭に代表されるような精神教育も、熱心に行なわれるようになって、逃亡件数は明治二十年代には半減し、大正時代に入ってからは、さらに半減したのである。

もっとも、懲罰をうるさくすれば逆効果が生ずるということもあったのであり、懲罰事件を表にださず、私的制裁だけですませるということも多かった。内務班での被服、寝具の紛失時に、他隊から窃取してきて員数を合わせるということが多いために、見張りをつけておくなど、ばかげたことが横行したのは、逆効果の大きなものである。

懲罰の対象になる行為に、一般社会では問題にならないような行為が多くとりあげられていたため、相互に、このていどのことでという意識が働き、当事者はそれを隠すために、また上級者は責任を回避するために、員数合わせのような行為が行なわれるようになったと考えられる。

懲罰の対象行為のうち、現在の感覚では理解できないものに、服装違反に関するものが多い。支給された被服が身体に合わないからとちぢめたりすることは、もってのほかであり、戸外で脱帽して歩くことも服装違反になった。これなどは、外出中に飲酒酩酊して犯しがちの違反であり、憲兵の報告の中に多数みられる。

そのほか報告されたものに、「靴を風呂敷に包んで靴下のまま路上を歩いている者」「ボタンを全部はずして歩いている者」「路上で騒いだり、放尿をしている者」などがある。やはり外出飲酒のうえでの違反事件が多い。そのほか、命令文書の誤記や、会計計算のちょっとしたミスは、重大な違反事件になったのであり、女がいない軍隊内で起こりがちな男色も、取り締まりの対象になった。軍隊内でまったく規律違反をしないということは、非常にむずかしかったのである。

秘密保護

最後に法務と関係が深い秘密保護について、記しておこう。

昭和十六（一九四一）年に定められた国防保安法は、外交、財政、経済、その他国防上、外国に対して秘密にしておく必要がある事項について、国家機密として保護することを明らかにした。中国大陸での戦争が長引き、米英との関係も怪しくなってきたころの処置である。

それまでにも、軍機保護法、軍用資源秘密保護法、要塞地帯法など、秘密保全上の多くの法律が制定されていたのであり、これらの法律に違反したものには、懲役や罰金が科されていた。

国家機密に関係がある、閣議や議会の秘密会議の内容は、公表される機会がなかったため、現在でもわからないことが多い。軍事上の作戦用兵、動員などに関することはもちろん秘密であり、大東亜戦争開戦初頭、マレー半島に上陸した山下兵団の将校たちは、出征にさいしても、私服で行動することを命じられて、秘密の行動をしている。

早くから要塞地帯法で保護されていた地域も、軍機保護法制定以後は、いっそう厳重に保護された。東京湾防備の拠点や軍港がある横須賀地区などの要塞地帯では、いっさいの写真撮影や写生が、禁止されていたのであるが、うっかり違反すると、憲兵の取り調べを受けたのである。

軍機保護法による機密事項は、軍隊の編成や装備、軍人数、軍用通信や軍用列車など、多項目にわたったので、新聞の記事や写真の発表にも注意が必要であり、軍による検閲が行なわれている。

もっとも、検閲は検閲官の見方によって基準が異なり、同じものが許可になったり、不許可になったりした。海軍のことをよく知らない陸軍の検閲官は、海軍の写真については、肝心のものを見逃したり、必要もないのに写真の修正をさせたりということを、しがちであった。

大戦中は気象情報のラジオ放送が中止されたが、気象状況は作戦に大きな影響をあたえるものであり、これも機密事項に該当したからである。現在では、気象衛星が全世界の気象データを送ってくれているので、気象放送を中止することは問題にならないが、科学技術がそれほど進んでいなかった当時は重要なことであった。

日本は、南方作戦準備のために昭和十五（一九四〇）年ごろから、南方各地の気象情報の収集をはじめている。マレー半島上陸作戦は、そのデータを検討して、慎重に日時が決定されたのである。

最後に、秘密区分について混同される場合があるので、簡単に触れておく。陸軍の秘密の重要度の度合いは、国家機密が第一であり、ついで軍事機密、軍事極秘、軍事秘密の順になる。そのほかに、陸軍の部内限りに閲覧を制限する、部外秘などと表示されるものがある。また海軍の場合は、陸軍の軍事秘密などの「軍事」の文字が、他の文字、たとえば「人事」に置きかえられて、人事秘密として使われている場合がある。

このように秘密をうるさくいっても、「人の口に戸は立てられない」のたとえのとおり、海軍のレイテ作戦や巨大艦「大和」の建造などのように、街の人々のうわさ話になることは多かった。

人は、知っていることを他人に伝えることで、優越感を味わうことができる。現金で情報を買うよりも、飲み屋での情報や、遊郭での情報のほうが、価値があった。少ない憲兵がこれを取り締まってみても、効果はあがらず、反感を買うほうが多かったのである。沖縄戦での、住民のスパイ扱いなどは、現在にまで禍根を残している。

第十章　経理部門

眼鏡をかけた秀才たちの台所事情

ガリ勉型主計官

軍備拡張時代に入っていた昭和十（一九三五）年代の初めごろ、陸海軍の兵科将校たらんと志す中学生は多かったが、主計将校への道を最初から選ぶ者は、少なかった。華やかな第一線指揮官は、少年たちのあこがれのまとであったが、地味な後方での軍務は、少年たちにとっては魅力がなかったのである。それでも、当時陸海軍の各経理学校の生徒として採用された主計将校の卵たちは、陸軍士官学校や海軍兵学校に入学した者よりも、俺たちの方が頭がよいといいばっていた。

陸士や海兵の身体検査合格基準のうちに、裸眼視力一・〇以上という項目があるが、経理学校の場合は、陸軍が〇・七以上、海軍が〇・二以上であった。このため、勉強のしすぎで近視になり、それでも将校への道をあきらめきれなかった中学生は、経理学校を志望した。このため経理学校には、秀才が集まったというわけである。

事実、昭和十一年度の海軍経理学校入学者二十五名についてみると、中学校での成績が上位五パーセント以内であったものが十五名であって、六割を占めている。これに対して海兵では、四割である。もっとも全体の採用数が、海兵の方が格段に多いせいでもある。

同じ年に陸軍経理学校の主計生徒第一期生を募集しているが、こちらは三十名の採用予定に対して、六十倍の競争率になった。陸士が十六倍であることから考えると、資料はないが、陸軍経理学校にも、中学校の成績上位者が集まったであろうことが想像できる。

末は大将か大臣かと、当時の少年たちが夢みた栄光の座は、主計将校には縁がなかった。大将の地位は、兵科将校にのみ許された第一線指揮官の終着駅であり、陸海軍大臣もまた、兵科将校のみがつき得る配置であった。ただ現役の定年が、兵科の同階級のものよりも一、二年長くなっていたが、これは特典というよりも不利点になった。なぜかというと、長くなった分だけ、兵科のものよりも、進級の時期を遅らされたからである。

前にも書いたように、主計将校は指揮権の面でも制限を受けており、華やかというよりは縁の下の力持ち的存在であった。戦闘上欠かせない弾薬の補給や衣食住については、すべて主計将校に責任があり、欠くことができない存在ではあったが、中学生たちにとって魅力があるとはいえない存在であったのである。

戦闘員よりも多い支援要員

主計将校に代表されるように、華やかとは縁遠い経理部門であったが、重要性ということでは、時代とともにその度を増している。アメリカ陸軍の資料では、南北戦争のときに動員された二百万余の兵員のうち、直接戦闘にたずさわったものが八十七パーセントであったが、第二次大戦では、千二百万名に近い延べ兵員の三十九パーセントだけが、戦闘員であった。その他の兵は、経理兵や衛生兵などの非戦闘員である。イラクで戦った米軍の直接戦闘員はもっと少なく、一割台であろう。

近代戦では、一人の戦闘員を三、四人の要員が支援するようになってきているのである。戦闘用の物資を調達補給し、物資を管理し、兵員の給与給養を担当する経理部門は、戦闘の結果を左右する重要な部門であった。

陸軍省、海軍省の経理局は、明治初期には、会計局と呼ばれていた。経理局になったのは、陸軍が明治二十四（一八九二）年、海軍が明治二十六年である。このころから経理という用語が、施策的なものをふくめた大きい意味で、会計の代わりに使われはじめているが、軍の経理は、一般社会のものよりも、もっと範囲が広い。給養、つまり食事を提供することまでをふくんでいるのである。

経理業務について定めているのは会計法である。これは軍にだけ適用されるものではなく、官庁一般に適用される。官庁の相手方である国民一般にも適用されるのであって、軍の根本法が、一般社会を律するものと同じであるということが、経理部門の特色である。

軍の支出はすべて、国の予算に基づいて他の各省と同じように行なわれ、その事務を、経理部門が担当した。事務はすべて、会計法を頂点とする規則によって厳格に行なわれたので、あり、予算の裏づけのない支出は、認められていない。事務が正しく行なわれたかどうかは、会計検査院が最終的に確認するのであって、いい加減な支出は許されなかった。

兵科将校である参謀の中には、「財源がなければ、どんどん銀行券を印刷したらよいではないか」と発言したものがあるということであるが、そのていどの経済知識しか持っていなかった指揮官や参謀と会計検査院との間に立つ、経理部の将校たちの苦労は大きかった。

ただ軍の支出については、その特性上、いくつかの特例が認められていた。軍艦、兵器、弾薬などを買い入れる場合は、前金払いをすることができるとか、部隊の経費については、小切手ではなく現金で支払うことができるとかの規則が、それである。

このため、戦地に赴く部隊の経理部の将校は、一定の現金を携行した。この保管のために金庫を持っているのであるが、戦闘で失われる場合も多かった。その場合には、繁雑な手続きで処置をしなければならないので、軍艦沈没の場合に、懸命に札束を運び出したという話もある。やはり戦争には軍資金が必要なのであって、沈没軍艦の宝探しは、ありうることなのである。

平時であっても、軍の予算は他の各省関係の予算とは比べものにならない多額であったため、それを処理する組織は、大きくならざるをえなかった。陸、海軍省では、経理局が独立した存在になっているが、他の各省では、会計課ていどの小さな組織であるのが普通である。

経理業務は、陸軍では陸軍省の経理局長から師団経理部長、または学校などの経理部長を経て、聯隊などの経理部将校の線で処理される。海軍では海軍省経理局長から、鎮守府の経理部長を経て、軍艦などの主計長の線で処理される。

経理部長は、師管（師団担当区域）や海軍区（鎮守府担当区域）すべてについて責任を持っているため、師団長の指揮下にない師管内の軍施設、たとえば軍学校の建物の建設が、経理部長の手で、師団長の知らないうちに進められるということは珍しくなかった。経理部門の系統が指揮系統と一致していなかったためであり、一つの問題点であった。

委任経理

経理の中でおもしろいのは、委任経理である。聯隊長などの部隊長が、毎年定まった金額の糧食費や被服費を受領して、その責任でやりくりする制度であり、もし金額があまった場合は、積み立てておいて翌年度に使用することもできた。

この制度は、西欧の傭兵時代の傭兵システムに由来するものと思われる。当時の傭兵隊長は、国王からあたえられた予算の中で、一定の傭兵を集め、衣食、装備を支給した。請け負い制度であるので、節約した予算は、傭兵隊長のものになる。しかし、そのために、兵員数を減らしたり、装備不十分であったりしたのでは具合が悪いので、閲兵で確認をしたのである。

わが聯隊長は傭兵隊長ではなかったので、節約した分が自分のふところに入るわけではなかったが、運用をうまくすれば、記念日などのお祝いの酒代ぐらいはひねり出すことができた。この運用は、佐官を長とする経理委員が担当したのであるが、第一次大戦中のような物価高の時代には、節約どころか、粗食に耐えなければならなかった。

海軍の場合は、各艦単位ではなく、鎮守府単位で、そこの軍需部が処理するので、艦長の裁量で節約するというわけにはいかなかった。もっとも明治初期には、そのようなこともあったようであり、一部の兵卒の雇傭も、艦長の裁量で行なっているほどである。

初期の陸軍では、委任経理は、被服、消耗品についても認められていたのであり、被服費を節約しようとして、古くなった被服を新品と交換することを渋る傾向があった。ある部隊では、休み時間中は裸体で過ごすことを奨励して、被服費を節約するということまでした。とくに被服を紛失したりしようものなら大変で、徹底的に調べられた。紛失した場合に、他人のものを盗んで員数をつけるという悪習は、ここからはじまったものであろう。

物品にはそれぞれ使用可能な期間の標準が定められ、その期間が過ぎないうちは、新品と交換することはなかった。明治の初期の標準使用期間の例に、つぎのようなものがある。

まず靴下が一ヵ月。現在のナイロン製のものとは比較にならない短い期間であるが、当時のものは、そのていどであったであろう。シーツは二年。おもしろいところで、四銭七厘の糸巻きが四年、七厘の針が四年というのがある。品物でおもしろいのは、馬のわら靴、ランプの芯、つけ木などがあり、当時の生活がしのばれる。

主計官の養成

経理を担当するのは、陸軍では経理部将校であり、海軍では主計科士官であるが、それは時代によって呼び名がちがう。海軍では最初から主計という用語が使われ、大佐に相当するのが主計大監、少尉に相当するのが少主計であったが、陸軍では、初期には監督とか軍吏という名で呼ばれた。時代によってちがいがあるが、だいたい監督は佐官級、軍吏は尉官級と考えてよい。このような呼び名が、明治三十六（一九〇三）年になってようやく、海軍並みに主計の用語で統一された。したがって日露戦争のときには、主計監、主計正、主計などが、経理業務をおこなっている。

陸軍の兵卒は、昭和六年から、○○兵と呼ばれるようになった。一等兵、二等看護兵のようにである。このとき経理部門は下士官以上とし、兵を廃止した。ただし、そのとき靴工卒や縫工卒であった者は、転科せずに当分の間、そのまま残すことにした。

このような兵卒の養成は、被服廠でおこなっていたのであるが、これ以後は下士官候補者として、被服廠で教育している。下士官の階級は、一～三等の縫工長と靴工長である。下士官は指揮する兵卒がなくなったため、部下が軍属だけになってしまった。

陸軍とはちがって海軍には、最後まで主計の兵卒がおかれていた。軍艦には、主計科の分隊がおかれ、主計少佐ぐらいの主計長が、分隊長として分隊を指揮した。戦艦では分隊員が五十名近いが、多いのは、いわゆる飯《めし》たきである。陸軍には飯たき専門の兵はいないが、海軍にはそれがいた。海軍の方が陸軍よりも食事がよいというのは、このようなところにも原因がある。

前大戦中に、帝大卒業者で海軍の主計科士官になったものは多いが、分隊長、分隊士の経験を通じて、指揮管理を体得したであろうことは確かである。中曾根康弘、鳩山威一郎など海軍主計少佐にまで進んだ政治家のリーダーシップに、その片鱗が残っている。森下仁丹の森下泰、ブリヂストンの石橋幹一郎なども、海軍主計大尉としての経験を活かしている。

主計官の階級呼称が、主計少佐、主計中尉のように、兵科類似のものになったのは、海軍が大正八（一九一九）年、陸軍が昭和十二（一九三七）年である。戦闘職種である兵科以外の部門について、施策に熱心であったのは、陸軍よりも海軍であって、階級呼称の変更にもそれが現われている。教育の面でもそうであって、主計官の養成教育に熱心であったのは、海軍である。

海軍では、明治七（一八七四）年に海軍会計学舎が発足し、会計官史の養成をはじめた。十八歳から二十五歳の若者を募集選抜して、三年間の教育をおこなったのである。この教育は途中で一時中断したが、ふたたび明治十六（一八八三）年に十六～十八歳の生徒を募集して、海軍主計学舎で、五年間の教育をはじめている。

海軍主計学舎は、明治十九（一八八六）年に海軍主計学校と名前をかえ、同じ年に陸軍軍吏学舎が、陸軍はじめての主計官養成校として発足した。陸軍軍吏学舎は、明治二十三（一八九〇）年には、陸軍経理学校になっている。陸軍の主計官は、このときまで自前での養成はおこなわれず、文官などから転官採用していたのであるが、ようやく部内養成がはじまったのである。しかし、その生徒の採用源は下士であった。

このような状態であったからといって、陸軍が経理部門をまったく軽視していたわけではない。山県有朋をはじめとする陸軍首脳部は、明治新政府が財政的に苦しいことは、十分に承知していた。旧暦の明治五（一八七二）年十二月三日に太陽暦を採用して、明治六年一月一日になったとき、俸給一ヵ月分を支払わずにすんだと喜んだのはかれらであったし、西南戦争の軍費で苦労したのもかれらであった。経理の重要性は十分に承知していたはずである。

明治初年に、陸軍省会計局長ともいうべき会計監督長の地位にあった津田出は、明治七年の佐賀の乱にあたって出征した山県有朋に代わって、陸軍卿代理をつとめたほどであり、ドイツ軍制の第一人者であった。経理学校長をつとめた遠藤慎司は、明治初年にドイツに留学している。のちの宰相、桂太郎の明治十年ごろの留学先は、ドイツ第三軍団監督部であって、軍制と経理を学んでいる。

陸軍が部内で主計官を養成しようとしなかった原因は、経理の首脳部が、部内での主計官の養成をしていないドイツ軍制を学んだことと関係が深いであろう。

陸軍が主計官養成のために生徒（主計候補生）を一般から募集して行なった教育は、明治三十六年から大正十一年までの間と、昭和十一年以後だけであった。これに対して海軍では、明治同じ生徒教育が、明治二十二年に中断したあと、明治四十二年に海軍経理学校としての生徒募集を再開し、昭和二十年までつづいている。

生徒を募集していない期間の経理官の採用は、陸海軍ともに下士からおこなったのであり、別に上級、高級将校要員として、法経関係の大学、高商出身者を採用していた。これは年間数名であって非常に少ない。またかれらは、二、三ヵ月から半年ばかりの短期教育をうけたあとで、中尉相当官に任官するため、非軍人的な雰囲気が抜けきらず、服装なども乱れがめだったようである。

海軍ではこの制度が、二年現役主計科士官という制度に定着し、さきに述べたように中曽根主計少佐なども誕生したのであるが、陸軍では、兵科将校を転科させて主計将校にする補充制度の方が、多用された。もっとも軍縮の関係でやむをえず転科したり、身体的理由によって希望するものがほとんどであり、積極的に志望する者は少なかったようである。

前大戦では戦争の進行とともに学徒動員がおこなわれたが、陸軍の下級経理部将校の多くは、学徒出身の幹部候補生から採用されるようになった。終戦時の幹部候補生出身経理部将校は、約一万名を数える。

幹部候補生制度がない海軍は、昭和十三（一九三八）年に二年現役主計科士官の制度を発足させ、主計科士官の不足をおぎなった。陸海軍ともに、経理学校で主計官養成のための生徒教育をおこなってはいたが、必要数を満たすことは、とうてい不可能であった。

海軍の二年現役主計科士官は、二年の任期満了後も、そのまま現役にとどまる者が多かった。終戦時の主計科士官約二千名のうちの多くのものが、二年現役出身者である。

現地調達

昭和十八（一九四三）年二月一日、日米攻防の天王山になったガダルカナル、いわゆる餓島からの日本軍の撤退がはじまった。前年八月七日に上陸してきた米軍と、死闘をした果ての撤退である。日本の第十七軍の将兵は、海軍が制海権を失ったため、補給がほとんどない状態で戦い、戦力を失っていた。

撤退作戦は日本側の欺瞞が効を奏して、米軍に妨害されることなく、順調に進行した。駆逐艦二十隻に収容された第一次撤退の陸軍兵五千名は、歩くのがやっとという状態にまで、飢えやせ衰えていた。久しぶりに駆逐艦の温かい食事にありついた陸軍兵は、落ち着くにつれて、栄養満点の海軍兵とわが身を比較して、その不公平さに腹をたてていた。

この例だけではなく、大戦中、陸海軍の給養の差に陸軍兵が驚いたという話は多くある。これは陸海軍の経理の考え方のちがいによる差である。

古来、陸戦には「糧は敵による」という考え方があった。糧食は、占領地のものでまかなうというのである。しかし、大軍を戦場に送るようになった近代戦では、後方からの補給が重要なものになった。

第一次大戦でも第二次大戦でも、欧州の補給庫としての役割を果たしたアメリカは、とくに補給を重視していた。欧州連合軍の総司令官をつとめたアイゼンハワーは、第一線の総司令官というよりは、補給廠長といった方がよいほど、補給を重視した。とくにノルマンディー上陸作戦にあたっては、物資の集積に時間をかけ、準備ができるまでは動こうとしなかった。

日本の場合は、明治十八（一八八五）年にドイツのメッケル少佐が来日し、陸軍大学校で教育したのが、補給についての認識のはじまりであって、補給はとかく軽視されがちであった。

ガダルカナルだけではなく、つづく東部ニューギニアのポートモレスビー攻略作戦でも、牟田口中将のビルマ、インパール作戦でも、補給力の不足が作戦失敗の原因になった。弾薬の補給がないことが、第一線の戦力を低下させたことはもちろんであるが、それよりも食糧の補給がないことの方が、戦力に大きく影響した。

陸軍の食糧補給は、とくに現地調達が重視されていたのであるが、調達すべき食糧がないジャングルの中では、経理部将校も腕のふるいようがなかった。南方のラバウルのように、米軍の跳び石作戦のために置きざりにされた部隊では、日本内地との連絡便もなく、畑を作って自活するほかはなかった。

その指導をしたり、種子を配分したりするのも、経理の責任であった。沖縄本島での作戦が終わったのち、やはりとり残された石垣島では、主計官が、一括して牛馬を食糧として徴発し、山野に放し飼いされている牛馬を、兵士が捕縛する作戦を行なったりしている。

後方で食糧の調達を担当したのは糧秣廠であるが、ここは経理部員の活躍の場であった。ここから第一線への輜重の隊列は、大行李と呼ばれる種類のものであり、弾薬の隊列は、小行李と呼ばれていた。しかし、このような輸送力は非常に弱く、限られた輸送力の中では、食糧よりも弾薬をということになりがちであった。

第一次大戦の欧州戦場では、大量の自動車が輸送力を強化していたが、その状況を知っていたにもかかわらず、日本では自動車利用の進歩は遅々としていた。昭和十二（一九三七）年ごろの輜重兵聯隊で、七個中隊のうちの一個中隊だけが、自動車化していたにすぎない。あいかわらず、馬が重視されていたのである。

このような陸軍にたいして、海軍の艦船は、戦場に向かうときに、弾薬も食糧も定数を満たしてから出港したのであり、輸送を他に頼る必要はなかった。補給は、比較的安全な艦船の根拠地まで行けばすんだのであり、それも船舶輸送であるので、一度に大量の物資を運搬することができた。

このため海軍兵が飢える機会は、比較的少なかったのである。その上、食事を作るのは専門の主計兵であって、味つけもよく、陸軍兵をうらやましがらせる条件がととのっていた。

昭和八（一九三三）年の海軍の規則では、軍艦が戦場へ出港するときは、米麦十三週間分（駆逐艦で四週間分）、乾物は三週間分（駆逐艦で一週間分）を積みこむことになっている。病院船の出港時には、滋養品として、牛乳、オートミール十五キログラム、ジャム十一キログラム、ココア四キログラム、赤ブドー酒二十三リットルなどを積み込むことになっているのがおもしろい。

戦時における陸軍部隊の一日あたり主食定量は、精米四合五勺（〇・八〇リットル）、精麦一合九勺（〇・三四リットル）である。江戸時代の一人扶持《ふち》米は一日五合であったが、それをややうわまわっている。このほかに携帯口糧の加給品として、清酒二合（〇・三六リットル）や甘味品のようかんなどがつき、悪い食事ではなかった。

田舎では、息子が徴兵で軍隊に行って帰ってきたのはいいが、食事がぜいたくになって困ったという話があるほどである。定量では不足する者には、大盛りの食事を提供することさえあったのである。明治十六（一八八三）年の記事であるが「身長百八十センチ、体重九十キロの当時としては大男」に対して、普通の食事では不足するからという軍医の増加食診断書がだされた記録がある。

陸軍の現地調達に関係が深いのは、明治十五年に定められた徴発令である。戦争や演習、行軍などの場合には、強制的に物資、人夫などを徴発できるという規則であり、昭和二十年の終戦まで適用されていた。

演習のために田舎に出かけた聯隊が、農家などに分宿したのもこの規則によっている。この場合に、補償の名目で実質的に代価の精算をしたのが、経理部の将校であった。聯隊付の経理部将校は、つねに部隊と行動をともにしなければならなかったのである。

このような存在の経理部将校は、非戦闘員として扱われる存在であったが、戦争中には、銃をとって戦った例も多い。中には野戦貨物廠など、独立した組織のほとんど全員が経理部員で組織され、戦闘訓練を受けていないにもかかわらず、警備部隊としての任務をあたえられた例もある。

ところで、戦後、軍は横暴であり、個人の財産をかってに軍用に使ったという非難をよく聞いたが、代価にあたる補償費は支払われていた。昭和十五年には、土地工作物管理収用規程という規則も定められており、その事務処理は、経理部員がおこなったのである。

沖縄戦や本土決戦準備のために軍に収用された土地、建物は多いが、補償は行なわれている。もっとも、所有者の意思に反して強制収用されることは、当然あったのであり、インフレの時価に比較すると補償額は少なかった。緊急の場合には、手続きが不完全なこともあったであろう。とくに最初で最後の国内戦であった沖縄戦では、現地末端の下士官が、混乱の中で一方的に収用したこともあったようであるが、平時には、そのようなことはない。

明治四十四（一九一一）年、所沢にわが国はじめての正式飛行場を作ったとき、予定地は茶畑であったが、もしこの話が洩れて地価があがると、買収のための予算が不足する状況であった。そこで、責任者の長岡外史中将以下が、軍人には見えないように、服装に注意をこらして視察に行ったという話があるが、軍民の間の取り引きは、現在の官民の間の取り引きの状態と変わりはない。

軍用手票

代価を支払って物資の調達をする場合、戦場では通貨を使用することがむずかしい。そこで考えられたのが、軍用手票、略して軍票の制度である。日清戦争や第一次大戦のさいは、軍用切符という名称が使われている。これは紙幣のような外観をしているが、領収証代わりであって、占領地以外では通用しない。混乱が一段落つけば、現地の通貨や日本円と交換できる性質のものである。

戦後の沖縄では、昭和二十三（一九四八）年から三十三年まで、米軍の軍票であるB円が通用していた。これは米ドルに裏づけされたものであり、三十三年に全面的にドルに切り換えられている。

この軍票も軍がかってに発行するのではなく、臨時軍事費の予算の枠内で、一定の手続きをへて日銀から軍に渡される。現地で使われた軍票は、通貨と交換するなり、他の方法によるなりして回収する必要がある。

大東亜戦争中は、商社などに、軍票で購入できる物資を現地で販売させて回収していたのであるが、物資が欠乏し、輸送力も不足してくると、それが不可能になった。それでも、軍票は通貨のように現地で回転していたが、日本の旗色が悪くなるにつれてしだいに価値が下がり、ついに無価値になったのである。

インパール作戦の撤退時には、現地の住民に軍票を渡して籾を調達すると、目の前で軍票を丸めてしまったという話があり、略奪するのとかわりはなかった。西南戦争のときに西郷軍は、西郷札と呼ばれる一種の軍票を発行したが、これは西郷の割腹とともに無価値になった。この西郷札は、収集家の間では高い値がつけられているが、日本軍の軍票には、それほどの値うちはない。

敗戦後、このような軍票のあとしまつをするのも経理業務の一つであったが、混乱の中で何もできなかったのが現実である。郷里に復員するものは、手当や食費を受けとる権利があったが、その処理だけは、一部おこなわれている。軍需品の処理も、経理から大蔵省に引き継ぐべきであったが、うやむやになったものが多い。軍票の処理は、戦場になった各国に対する賠償という形で、しめくくられたということであろう。

将校相当官の劣等感

最後に、経理、衛生などの将校相当官が、兵科の将校に対してもっていた劣等感について書いておこう。

軍隊は戦闘集団であり、その中の非戦闘部門である経理や衛生が、非主流的存在になるのは、やむを得ないことであろう。しかし、形式面での多くの差別があったために、将校相当官に劣等感をもたせたことは、得策ではなかった。昭和十六（一九四一）年に朝鮮の会寧の将校集会所で、某主計中尉が、他の兵科将校が主計将校をバカにしたといって、これを斬るという事件が起こっているが、これなどは、劣等感が原因になっている。

将校というのは「指揮する者」を意味することばであって、もともとは兵科将校のことだけを指していた。頭右《かしら》の敬礼は、戦闘のために出陣するにあたって、指揮官がだれであるかを確認する意味があったと考えられる。そのため、戦闘部隊の指揮官にはならない主計官や軍医官に、頭右の敬礼をすることはなかった。

しかし、そこに差別感が生ずるようになると、団結を阻害することになる。前述したように、主計官や軍医官の階級名称が兵科と同じような、○○中尉の形に改められたのは、このためである。

頭右のほか、葬儀のときに弔銃を発射するのは兵科将校に対してだけであるとか、将校相当官に対しては刀礼はしないとか、武器を使って行なう礼式が将校相当官にはなかったため、劣等感の原因になっていた。これも兵科将校同等に改められたが、やはりそれだけでは、問題の完全な解決にはならなかった。

将校相当官が、自隊の警備のため配属された歩兵の下士官兵を、警備のために指揮することを制限されたり、軍艦の主計中佐が、下級の兵科将校の指揮下に入って海戦に参加したりということが、最後まで残ったのであって、将校相当官の不満のたねになっていた。天皇の統帥命令を軍令系統で執行するという形式にこだわるかぎり、軍政事項を処理する主計官や軍医官に、戦闘部隊の指揮権を渡すことはできなかったのである。

戦闘部隊の中にありながら、非戦闘員ということになっている経理や衛生部門の兵員の立場は、非常にむずかしいところがあった。

第十一章　医事衛生部門

近代戦に果たしたキニーネ部隊の役割

軍医のはじまり

明治二（一八六九）年十月二十七日、大阪府病院の雇蘭医ボードウィンは、兵部大輔大村益次郎の手術をした。刺客に襲われて右膝に重傷を負い、敗血症を起こしていた大村の右足は、大腿部から切断された。手術は成功したかに見えたが、その後の経過は悪く、十一月五日、大村は世を去った。

日本の西洋医学は蘭医によってもたらされたものであり、このような手術は、軍医であるかれらの得意の技であった。戦乱が続いたヨーロッパでは、戦場治療のための外科が発達していた。また戦場で蔓延しやすい伝染病の予防法としての、軍陣衛生も発達していた。このような腕と知識をもつボードウィンは、まもなく大阪に開校された軍医学校教官もつとめている。

軍医学校は、明治五（一八七二）年に東京半蔵門外に移されて軍医寮学舎になったが、ここの教官には、ドイツの軍医ホフマンが招かれた。当時、わが国の医療をどの国から学ぶかということについての議論が政府部内であり、ドイツ式にするという合意があったうえでの招請であった。このことは、軍制をドイツ式にするかフランス式にするかの論争とは無関係であり、純粋の医学的見地から、ドイツ式が選ばれたのである。

明治五年は陸軍省、海軍省が、兵部省から分立発足した年である。分立にともなって、軍の医事関係も分立したのであり、軍医寮は陸軍軍医寮として陸軍が管轄し、東京の高輪にあった海軍病院が、海軍軍医寮として、海軍の医事を担当することになった。これら軍医寮は、軍の医事衛生についての役所であると同時に、軍医寮学舎や軍病院を管轄することもした。軍医寮はのちに、陸軍省、海軍省の医務局と名前を変えている。

初期の海軍は医事についても、イギリス式を採用した。明治六年に発足した海軍病院学舎には、イギリス海軍の軍医アンダーソンが、招かれて教壇に立っている。

陸海軍の軍医は、初期はこのような形で軍内で養成されたのであるが、明治十（一八七七）年に東京医学校（大学東校の後身、東大医学部の前身）が発足し、ほかでも軍外での医師養成が行なわれるようになると、軍医の供給源が、軍外に求められるようになった。

そうなると海軍も、医事衛生部門では、軍外のドイツ式を入れざるを得なくなり、明治十三（一八八〇）年にはアンダーソンを解雇して、海軍内での医師養成教育を中止した。しかし、医事についての艦上勤務要領には、その後もイギリス式の影響が残った。

陸軍では明治十年に医師の供給源を、すべて軍外に求めることになった。軍外の医師養成校卒業者を新設の軍医学舎に入れて、軍医として必要な教育を、一年間だけ行なうことになったのである。この教育を行なう軍医学舎は、明治二十一年に陸軍軍医学校と名を改め、昭和二十（一九四五）年の終戦時までつづいた。

軍医養成教育を中断した海軍は、軍艦の増加とともに軍医不足に悩んだ。このため明治十五年にふたたび、海軍医務局学舎を開いて、軍医養成をはじめている。この養成教育が最終的に廃止されたのは、明治二十九（一八九六）年である。

この間に学校は、海軍軍医学舎、海軍医学校、海軍軍医学校と名称をかえた。場所も芝公園内に移り、やがて軍医養成教育の中止によって廃校とされたが、明治三十一（一八九八）年に再開されたのちは、陸軍軍医学校同様に、海軍の医事衛生一般について教育する学校になった。

医事衛生組織

医事衛生というように、軍医が軍の医事のすべてではない。看護や薬剤はもちろん、歯科や身体検査、衛生全般が、陸、海軍省の医務局の担当になっていた。同じ医師でも、獣医は兵務局の担当である。獣医は主として軍馬を扱うのであって、輜重兵や農林省の馬政局とも関係が深い。

薬剤官と歯科医は、軍医と同じ方式で採用され、軍医学校で必要な軍事教育を受ける。もっとも、歯科医の制度ができたのは、陸軍が昭和十五（一九四〇）年であり、海軍がその翌年である。それまでは、簡単な歯科処置まで、軍医が行なったのである。

昭和の初めごろの陸軍では、毎年軍医部の候補生約八十名を採用し、そのうち十名程度が薬剤官であった。当時の陸軍士官学校の毎年の卒業数は、軍縮の影響を受けて二百三十名程度に減少しており、八十名という数字は比較してみて少ない数字ではない。将校の総数でみても、陸軍軍医は兵科将校の七分の一、海軍では六分の一程度になる。主計官よりも軍医の方が多かったのであって、その養成教育を全面的に軍外に依存するためには、後述するように、多くの施策を必要とした。

このような軍医が配置されるのは、陸海軍の病院のほか、陸軍では各大隊以上の部隊、海軍では軽巡洋艦以上の軍艦である。一般にいわれる医務室が、これらに設けられていると考えればよいであろう。

軍医を直接補助するのが、陸軍の衛生兵であり、海軍の看護兵である。陸軍部隊では、平時軍医一名あたりに、六、七名の衛生兵がつき、軍艦では、三、四名の看護兵がついた。歩兵聯隊の軍医定員は四名、戦艦では三、四名であるので、衛生兵、看護兵の員数の見当がつくであろう。

戦時の動員時には、とくに陸軍ではこれらの員数が大幅に増えた。戦場での手当のためである。師団で編成される衛生隊と野戦病院の総計で、軍医等の将校相当官の員数が六十名にも達し、衛生関係下士官兵は、千三百名を越える。

歩兵一個大隊あたりにつく、十二〜十六名の補助担架兵をふくんで約一千名の衛生隊が、負傷者を収容し応急手当をしたのち、さらに治療を必要とする負傷兵は、各五百名の患者を収容できる四つの野戦病院に送ることになっているため、員数が増えるのである。

ちなみに、この場合の師団総兵員数は、二万名強である。第五十八師団の応城野戦病院の例では、病院長が軍医少佐で、准尉以上が十三名、歩兵班の曹長以下が七十名、衛生班の曹長以下が七十四名、輜重班の曹長以下が二十一名、自動車班が兵十三名と車両六両、主計軍曹一名の計百九十三名の組織になっている。

陸軍の衛生部の下士官兵の階級名称に、陸軍衛生軍曹のように、衛生の文字が入るようになったのは、昭和十五年からである。それまでは○等看護長、○等看護兵であった。海軍は、二年後に、海軍一等衛生兵曹のように改め、やはり看護の文字を使用しなくなっている。看護の准尉、下士官は、士官に昇任することも可能であったが、この場合はもちろん、軍医や薬剤官になるのではなく、看護官になった。階級名称は衛生大尉のように、やはり衛生を使用している。

看護兵は兵科ではなく非戦闘員であったために、軽くみられる兵種であったが、その中でもいっそう軽くみられる補助衛生兵というものがあった。徴兵検査のときに比較的体位不良なものをあてたのであり、三ヵ月ばかりの短期間の兵営生活の間に、基本的な訓練だけを行なって、補助的に使用した。

この制度は日華事変までであって、昭和十四（一九三九）年に、同じような補助兵である輜重特務兵とともに、廃止されている。

病院と看護婦

戦時の野戦病院とその後方に位置する兵站病院は、臨時のものであるが、平時から編成されている病院に、陸軍病院（衛戍病院）と海軍病院がある。前者は陸軍の軍隊所在地、つまり聯隊などのあるところに、後者は主として、各軍港所在地にあった。管轄はそれぞれ、師団長（軍司令官）、鎮守府長官である。患者の治療のほか、管轄区域の衛生資材の保管供給や衛生関係下士官兵の教育も行なった。

これらの病院には東京第一病院のように、軍医二十名以上、兵員総計四百五十名のほか、四名の看護婦長とその下の多数の看護婦を抱える大規模なものもあったが、軍医四名、兵員総計五十名ばかりの小病院も多かった。

中国大陸の武昌に、大東亜戦争開戦直後に開設された武昌陸軍病院の例では、大佐の院長など軍医二十名、薬剤官やその他の将校四十名で、平均三千名の患者を扱ったということである。

昭和に入ってからの陸、海軍病院には、看護婦が配置されていたが、婦長が下士官待遇で、一般の看護婦は兵の待遇を受けていた。米軍のナースが将校の階級章をつけていたのとは、くらべものにならなかった。

このような看護婦は、日露戦争のときには、病院船勤務をしている。ロシアの看護婦が前線に出たのに対して、後方での勤務ではあったが、四千八百四十七名のうち百八名が死亡している。これら看護婦は、日本赤十字社（日赤）から派遣されたもので、日本赤十字社は、戦時の傷病者救護のための社団法人として、認可されていた。

日華事変以後は、多数の日赤看護婦が陸軍病院の看護婦とともに戦場に出ており、戦死したものも多い。一個師団あたりの従軍看護婦は、日赤看護班が八個班（各班婦長以下二十一名）、陸軍看護班が六個班（各班婦長以下二、三十名）である。派遣総員三万三千百五十六名のうち、千八十九名が戦没したという。日赤看護婦は、養成所卒業後の二年間の病院勤務と、それ以後二十年間の応召義務があったため、多数が戦場に出たのである。

沖縄戦で陸軍病院に勤務し、三百二十二名中の二百八名を失った「ひめゆり部隊」は、沖縄県立第一高女と女子師範生徒の特別志願看護部隊である。もちろん、多数の正規看護婦も勤務していたのであるが、戦没数は明らかではない。

沖縄の中心地首里に司令部をかまえていた第三十二軍が、南方の摩文仁に向けて撤退を開始した昭和二十（一九四五）年五月二十七日、撤退路の途中にある南風原《はえばる》陸軍病院も撤退をはじめた。地下洞を縦横にめぐらせた病院には、三千名以上の負傷兵が収容されていたが、自力では動けない数百名がいた。

この場合、注射や毒薬で死期を早めることが、ただ一つの手段であり、看護婦たちも泣きながらその作業に追われた。

衛生関係者はジュネーブ条約で、非戦闘員として保護されるべき対象者になっていたが、このような状況では、戦闘員も非戦闘員もなかった。砲弾は、戦闘部隊と病院の区別をしなかった。ひめゆり部隊だけではなく、多くの衛生関係者や患者が犠牲になった。

現在、病院壕の跡には、生き残った人々の手で慰霊碑が建てられている。南風原陸軍病院の跡には、「悲風丘」の碑が遺族連合会の手で建てられているが、ここで生命を終わった人は、二千余名といわれている。

沖縄県立第二高女の白梅隊を祀った「白梅之塔」や「陸軍病院第三外科職員之碑」も、当時の惨状を物語っている。

戦場での損耗

負け戦さであった沖縄戦はともかくとして、勝った日露戦争はどうであったか。日本軍の死傷率は十二パーセントであって、多い場合は、一会戦で四分の一が死傷している。これだけの兵員の処置をしなければならない衛生関係の兵員数が多くなることは、やむをえないことであろう。

日華事変以来の前大戦での日本軍の戦没者は、二百十万人にのぼった。動員総数は一千万人以上であるが、その五分の一が死亡した計算になる。ほかに、負傷者がその三倍もいる。やはり一千万人以上を動員したアメリカでは、死傷率が十一パーセントであった。近代戦では、衛生部隊の果たす役割が、非常に大きくなってきていることがわかる。

日本軍の戦没者には、戦闘によるものだけではなく、多くの餓死者がふくまれている。ガダルカナルで、ニューギニアで、またインパールでと、補給がつづかないために失敗した作戦が、多すぎた。栄養失調を治療する最良の医薬である食糧の補給は、衛生部隊の責任ではない。もっとも、現物がないことでは、医薬品の補給も同じであった。

東部ニューギニア作戦の死亡者の三分の一は、餓死であると推定されているが、餓死と肩を並べて、戦病死も多い。

南方作戦でもっとも問題になったのは、マラリアである。蚊が病原虫を媒介するが、潜伏期が十日ばかりあって、突然、高熱を発し神経が冒される。この状態を何度もくり返すのであるが、特効薬のキニーネの補給が追いつかなかった。

日清戦争ののち、日本の手に帰した台湾を平定するために、北白川宮を長とする近衛師団が台湾に派遣されたが、宮は現地で亡くなっている。この病因がマラリアではないかといわれているが、マラリアは軽視できない病気であった。

沖縄戦のときに、地上戦の舞台にはならなかった石垣島など八重山群島では、住民を作戦のさまたげにならない地区に移した。しかし、移動先がマラリアの多い土地であったため、一割以上のものがマラリアのために死亡した。発病者は、人口の半数以上である。軍では、このような結果を予想してはいなかったし、薬品の準備もなかった。これもまた戦争の別の犠牲である。

軍隊にとってもっと怖い病気は、コレラや赤痢などの伝染病である。汚れたクリークの水を飲んだりする機会の多い中国大陸では、このような消化器系の伝染病に気をつける必要があった。このような伝染病を防ぐ役目をもっているのが、師団の防疫給水部であって、二百名ばかりの陣容である。

日清戦争時に、澎湖島に上陸した六千名の混成支隊は、三分の一がコレラで倒れたという記録があり、防疫処置は、ないがしろにできなかった。

日華事変では、あちこちにコレラが発生しており、陸軍航空の草分けであった徳川中将も、将官としてはただ一人発病している。わが国の伝染病予防の草分けは、森林太郎、つまり森鷗外であって、陸軍軍医としてドイツに留学し、明治二十一（一八八八）年に帰朝後、おおいに新知識を広めている。日清戦争では、その知識が役に立ったのである。

明治時代に伝染病と並ぶ軍隊の難病は、脚気であった。鈴木梅太郎が明治四十三（一九一

○）年にビタミンB_1を発見するまでは、転地療養が有効な治療法であると信じられていた。

明治十一（一八七八）年から十五年までの五年間に、陸軍軍人四万三千名余が脚気にかかったと記録されているが、これは当時の陸軍総兵員数に等しい。陸軍はビタミンB_1と脚気の原因が発見されるまでは、米食を主食にしていた。精米だけを食べていると脚気になることは、現在では小学生でも知っていることだが、その知識がない当時は、転地療養を軍医の診断でおこなっていた。

転地療養先は郷里の自宅であり、そこで麦や粟を食べることによって、ビタミンB_1が補給されて脚気がなおるという喜劇を、演じていたわけである。これと同じことを、江戸時代の江戸の住民がおこなっている。江戸はぜいたくな消費都市であり、精米だけを主食にしているものも多かった。奉公人の田舎へ転地療養し、粗食をすると脚気がなおるわけである。

陸軍の脚気は、これと同じぜいたく病であった。しかし、陸軍にとっては大問題であって、脚気のために死亡したり除隊になったものが、前記発病者中、二千名にもなったというのである。

海軍でも明治十一年以後、しばらく脚気患者が増加したが、医務局長高木兼寛が麦を混用した米食をすすめ、明治十八（一八八五）年から患者が急減している。海軍は、航海中に野菜を食べないと壊血病になることを知っていたために、食事に着目したのであろう。

衛生関係者の補充

さきに森鷗外についてふれたが、かれは東大医学部の前身の東京医学校の出身である。陸軍が軍外に医師の供給源を求めるようになった初期のころ軍医になり、陸軍軍医総監にまでなった。

明治末期、かれの時代の軍医総監は、陸海軍ともに、中将相当官である。同じ軍医総監でも日清戦争のころは、少将相当官であった。軍医の階級名称が、軍医少佐のような佐・尉官名称になったのは、海軍の方が早くて大正八（一九一九）年であり、陸軍は昭和十二（一九三七）年である。

陸軍が大学、専門学校などを卒業した幹部候補生出身者を、予備員ではなく現役として採用するようになったのは、法制上は昭和十四年からであるが、海軍は大正十二年から、軍医、薬剤官の二年現役士官制度を設けていた。大学医学部出身者で正規の軍医、薬剤官として海軍に永続勤務する意志のある者を、毎年採用しているが、それとは別の制度である。

大学卒業者は、在学中保留されていた兵役義務を果たさなければならないが、その義務期間を、専門を生かして軍医、薬剤官として勤務させようというものである。二年間の義務期間を終えたのち、永続勤務の意志が生じたならば、そのまま正規採用の形になることも可能であった。基礎教育を終わったのちに、いきなり中尉に任官するのであるから、本人にとっては、ありがたい制度であった。

陸軍の場合は、医学部卒業者を幹部候補生の軍医として採用することはあったが、幹部候補生をいきなり中尉にはしていない。また任官後は予備役の軍医になるのであって、応召によりそのまま軍医として勤務したとしても、最初から永続勤務の意志で採用された現役軍医とは、身分上の扱いがちがっていた。陸軍がそのような身分上の差別をなくしたのは、昭和十四（一九三九）年であって、海軍におくれている。

さらに海軍は、陸軍の処置に呼応するように、昭和十四年、医大だけではなく医専卒業者も二年現役士官に採用しはじめた。もっとも修学年限が短いので、中尉ではなく、少尉に任官させた。当時、大学へは優秀なものは中学校四年修了後に高等学校三年間をへて進学するので、中学校五年の卒業後に入学する専門学校卒業者は、大学卒業者よりも、二歳年少であるのが普通であったためである。

このような軍医採用法のほかに、委託学生、委託生徒の制度もある。これは医大、医専在学中の者を、委託学生、委託生徒という形で陸海軍に採用したことにして、学費を給付し、卒業後は軍医として勤務させる制度である。薬剤官や獣医、技術将校にも適用されている明治以来の古い制度であった。

このように軍医や薬剤官の採用方法はいろいろとあったが、軍部外から採用するという点では、方針はかわらなかった。大学や専門学校を卒業して陸海軍に採用された軍医たちは、採用区分によってややことなるが、二ヵ月ばかりの教育を受けたのち、中尉（大学医科卒業者）または少尉に任官したのである。

このような医大、医専卒業者とは別に、看護官は、准士官、下士官から採用された。採用されたのちに軍医学校などで約一年間の教育を受けてから、少尉に任官するのである。しかし、進級はよくても少佐どまりであった。

なお、看護関係下士官兵の教育は、陸軍病院や海軍病院でおこなわれている。また、海軍では昭和二十年の四月からは、新設の衛生学校が教育担当になっている。看護とは別に陸軍には、衛生材料を扱う療工とか磨工と呼ばれる下士官兵がいたが、この教育は、陸軍衛生材料廠でおこなわれた。これら下士官兵の戦時中の教育期間は、三、四ヵ月がせいぜいであった。

表　（陸軍武官官等表
陸軍兵等級表）　〔昭和18年現在〕

官	准士官	下士官			兵			
					1級	2級	3級	4級
陸軍少尉 陸軍憲兵少尉	陸軍准尉 陸軍憲兵准尉	陸軍曹長 陸軍憲兵曹長	陸軍軍曹 陸軍憲兵軍曹	陸軍伍長 陸軍憲兵伍長	陸軍兵長 陸軍憲兵兵長	陸軍上等兵	陸軍一等兵	陸軍二等兵
陸軍兵技少尉 陸軍航技少尉	陸軍兵技准尉 陸軍航技准尉	陸軍兵技曹長 陸軍航技曹長	陸軍兵技軍曹 陸軍航技軍曹	陸軍兵技伍長 陸軍航技伍長	陸軍兵技兵長 陸軍航技兵長	陸軍兵技上等兵 陸軍航技上等兵	陸軍兵技一等兵 陸軍航技一等兵	陸軍兵技二等兵 陸軍航技二等兵
陸軍主計少尉 陸軍建技少尉	陸軍主計准尉 陸軍経技准尉 陸軍建技准尉	陸軍主計曹長 陸軍経技曹長 陸軍建技曹長	陸軍主計軍曹 陸軍経技軍曹 陸軍建技軍曹	陸軍主計伍長 陸軍経技伍長 陸軍建技伍長				
陸軍軍医少尉 陸軍薬剤少尉 陸軍歯科医少尉 陸軍衛生少尉	陸軍衛生准尉 陸軍療工准尉	陸軍衛生曹長 陸軍療工曹長	陸軍衛生軍曹 陸軍療工軍曹	陸軍衛生伍長 陸軍療工伍長	陸軍衛生兵長	陸軍衛生上等兵	陸軍衛生一等兵	陸軍衛生二等兵
陸軍獣医少尉 陸軍獣医務少尉	陸軍獣医務准尉	陸軍獣医務曹長	陸軍獣医務軍曹	陸軍獣医務伍長				
陸軍法務少尉								
陸軍軍楽少尉	陸軍軍楽准尉	陸軍軍楽曹長	陸軍軍楽軍曹	陸軍軍楽伍長	陸軍軍楽兵長	陸軍軍楽上等兵		

付表I

陸軍軍人官等級

区分	将官			佐官			尉	
兵科	陸軍大将	陸軍中将	陸軍少将	陸軍大佐 陸軍憲兵大佐	陸軍中佐 陸軍憲兵中佐	陸軍少佐 陸軍憲兵少佐	陸軍大尉 陸軍憲兵大尉	陸軍中尉 陸軍憲兵中尉
技術部		陸軍兵技中将 陸軍航技中将	陸軍兵技少将 陸軍航技少将	陸軍兵技大佐 陸軍航技大佐	陸軍兵技中佐 陸軍航技中佐	陸軍兵技少佐 陸軍航技少佐	陸軍兵技大尉 陸軍航技大尉	陸軍兵技中尉 陸軍航技中尉
経理部		陸軍主計中将 陸軍建技中将	陸軍主計少将 陸軍建技少将	陸軍主計大佐 陸軍建技大佐	陸軍主計中佐 陸軍建技中佐	陸軍主計少佐 陸軍建技少佐	陸軍主計大尉 陸軍建技大尉	陸軍主計中尉 陸軍建技中尉
衛生部		陸軍軍医中将 陸軍薬剤中将	陸軍軍医少将 陸軍薬剤少将 陸軍歯科医少将	陸軍軍医大佐 陸軍薬剤大佐 陸軍歯科医大佐	陸軍軍医中佐 陸軍薬剤中佐 陸軍歯科医中佐	陸軍軍医少佐 陸軍薬剤少佐 陸軍歯科医少佐 陸軍衛生少佐	陸軍軍医大尉 陸軍薬剤大尉 陸軍歯科医大尉 陸軍衛生大尉	陸軍軍医中尉 陸軍薬剤中尉 陸軍歯科医中尉 陸軍衛生中尉
獣医部		陸軍獣医中将	陸軍獣医少将	陸軍獣医大佐	陸軍獣医中佐	陸軍獣医少佐 陸軍獣医務少佐	陸軍獣医大尉 陸軍獣医務大尉	陸軍獣医中尉 陸軍獣医務中尉
法務部		陸軍法務中将	陸軍法務少将	陸軍法務大佐	陸軍法務中佐	陸軍法務少佐	陸軍法務大尉	陸軍法務中尉
軍楽部						陸軍軍楽少佐	陸軍軍楽大尉	陸軍軍楽中尉

付表II 海軍軍人階級表（海軍武官官階表 海軍兵職階表）（昭和十八年現在）

科別		将校	将校相当官								官・下士官・兵
		兵科	軍医科	薬剤科	主計科	技術科	歯科医科	法務科	軍楽科	看護科	兵科（特務士官）
士官	将官	海軍大将									
		海軍中将	海軍軍医中将		海軍主計中将	海軍技術中将		海軍法務中将			
		海軍少将	海軍軍医少将	海軍薬剤少将	海軍主計少将	海軍技術少将	海軍歯科医少将	海軍法務少将			
	佐官	海軍大佐	海軍軍医大佐	海軍薬剤大佐	海軍主計大佐	海軍技術大佐	海軍歯科医大佐	海軍法務大佐			
		海軍中佐	海軍軍医中佐	海軍薬剤中佐	海軍主計中佐	海軍技術中佐	海軍歯科医中佐	海軍法務中佐			
		海軍少佐	海軍軍医少佐	海軍薬剤少佐	海軍主計少佐	海軍技術少佐	海軍歯科医少佐	海軍法務少佐	海軍軍楽少佐	海軍衛生少佐	
	尉官	海軍大尉	海軍軍医大尉	海軍薬剤大尉	海軍主計大尉	海軍技術大尉	海軍歯科医大尉	海軍法務大尉			海軍大尉
		海軍中尉	海軍軍医中尉	海軍薬剤中尉	海軍主計中尉	海軍技術中尉	海軍歯科医中尉	海軍法務中尉			海軍中尉
		海軍少尉	海軍軍医少尉	海軍薬剤少尉	海軍主計少尉	海軍技術少尉	海軍歯科医少尉				海軍少尉

区分		兵科		
特務士官		海軍大尉		
		海軍中尉		
		海軍少尉		
准士官		海軍兵曹長	海軍飛行兵曹長	海軍整備兵曹長
下士官	上等下士官	海軍上等兵曹	海軍上等飛行兵曹	海軍上等整備兵曹
	一等下士官	海軍一等兵曹	海軍一等飛行兵曹	海軍一等整備兵曹
	二等下士官	海軍二等兵曹	海軍二等飛行兵曹	海軍二等整備兵曹
兵	兵長	海軍水兵長	海軍飛行兵長	海軍整備兵長
	上等兵	海軍上等水兵	海軍上等飛行兵	海軍上等整備兵
	一等兵	海軍一等水兵	海軍一等飛行兵	海軍一等整備兵
	二等兵	海軍二等水兵	海軍二等飛行兵	海軍二等整備兵

予備員										特務士官・准士官					
予備准士官・下士官・兵							予備将校								
兵科							兵科			技術科	主計科	看護科	軍楽科		
							海軍予備大佐	予備佐官	予備士官						
							海軍予備中佐	予備佐官	予備士官						
							海軍予備少佐	予備佐官	予備士官						
							海軍予備大尉	予備尉官	予備士官	海軍技術大尉	海軍主計大尉	海軍衛生大尉	海軍軍楽大尉		
							海軍予備中尉	予備尉官	予備士官	海軍技術中尉	海軍主計中尉	海軍衛生中尉	海軍軍楽中尉		
							海軍予備少尉	予備尉官	予備士官	海軍技術少尉	海軍主計少尉	海軍衛生少尉	海軍軍楽少尉		
海軍予備工作兵曹長	海軍予備機関兵曹長	海軍予備整備兵曹長	海軍予備飛行兵曹長	海軍予備兵曹長	予備准士官					海軍技術兵曹長	海軍主計兵曹長	海軍衛生兵曹長	海軍軍楽兵曹長	海軍工作兵曹長	海軍機関兵曹長
海軍予備上等工作兵曹	海軍予備上等機関兵曹	海軍予備上等整備兵曹	海軍予備上等飛行兵曹	海軍予備上等兵曹	予備上等下士官	予備下士官				海軍上等技術兵曹	海軍上等主計兵曹	海軍上等衛生兵曹	海軍上等軍楽兵曹	海軍上等工作兵曹	海軍上等機関兵曹
海軍予備一等工作兵曹	海軍予備一等機関兵曹	海軍予備一等整備兵曹	海軍予備一等飛行兵曹	海軍予備一等兵曹	予備一等下士官	予備下士官				海軍一等技術兵曹	海軍一等主計兵曹	海軍一等衛生兵曹	海軍一等軍楽兵曹	海軍一等工作兵曹	海軍一等機関兵曹
海軍予備二等工作兵曹	海軍予備二等機関兵曹	海軍予備二等整備兵曹	海軍予備二等飛行兵曹	海軍予備二等兵曹	予備二等下士官	予備下士官				海軍二等技術兵曹	海軍二等主計兵曹	海軍二等衛生兵曹	海軍二等軍楽兵曹	海軍二等工作兵曹	海軍二等機関兵曹
海軍予備工作兵長	海軍予備機関兵長			海軍予備水兵長	予備兵長	予備兵				海軍技衛兵長	海軍主計兵長	海軍衛生兵長	海軍軍楽兵長	海軍工作兵長	海軍機関兵長
海軍予備上等工作兵	海軍予備上等機関兵			海軍予備上等水兵	予備上等兵	予備兵				海軍上等技術兵	海軍上等主計兵	海軍上等衛生兵	海軍上等軍楽兵	海軍上等工作兵	海軍上等機関兵
海軍予備一等工作兵	海軍予備一等機関兵			海軍予備一等水兵	予備一等兵	予備兵				海軍一等技術兵	海軍一等主計兵	海軍一等衛生兵	海軍一等軍楽兵	海軍一等工作兵	海軍一等機関兵
										海軍二等技術兵	海軍二等主計兵	海軍二等衛生兵	海軍二等軍楽兵	海軍二等工作兵	海軍二等機関兵

あとがき

日本人は、平和を謳歌している。しかし、第二次世界大戦が終わってからのち、地球上で戦火が消えたことはなかった。朝鮮戦争、ベトナム戦争、中東戦争のように、比較的大がかりで、長期にわたったもののほか、現在もイラクやアフガニスタンなどで戦われている局地戦やゲリラ戦など、容易に数えることができないほどの多くの戦闘が、世界の各地で行なわれてきた。

日本だけはその地理的、経済的、社会的な環境のために、四十年以上も戦争とはほとんど無縁でありえたが、そのため平均的な日本人の、軍事についての知識は、驚くほど貧弱になっている。

しかし、人類の歴史は闘争の歴史であり、現実に世界の各地で、戦闘が行なわれていることを考えると、国際社会で活躍しようとしているほどの人が、軍事についての知識が皆無というのでは、すまされない。「私は国内でしか行動しない」という人であっても、軍事行動が経済に影響することを考えると、軍事と無縁ではありえない。

産業の先端技術は、常に軍事と密着した形で開発されてきた。生産を管理するQCなど管理学の対象になっている手法は、軍の中で育成されてきた。何十万、何百万という集団を管理するチャンスは、軍でしか与えられなかったので、大組織を運用するための理論は、軍の中で形成された。戦争は、組織の運用の実験機会でもあった。管理社会とか、組織社会といわれる社会で生きている人々は、知らないうちに、このようにして形成された理論の世話になっている。

このようなことを考えるとき、軍事の研究は、軍人以外の人々にとっても重要であり、単なる趣味の分野のものであってはなるまい。日本軍の歴史、特にその制度史を知ることは、日本という社会の特性と、その中の公私の集団がもつ傾向を知ることにもなるであろう。

日本軍は、過去の戦争で、多くの誤りを体験した。戦争をしたことが、最大の誤りだという声があろうが、それはここではおくとして、誤りがなければ戦闘に勝っていたであろうという場面は、多かった。戦史の批判は、結果論にすぎないといわれることがあるが、なるほどその場面では、そのような判断や行動にでることが自然であるといえる面があることは、確かである。しかし、もう少し大きい目で、そのような判断や行動をする結果になった由来を考えてみることも、必要なのではなかろうか。

たとえば、餓島といわれているガダルカナルでの戦闘では、補給を考慮せずに、むりな作戦を実施したといわれている。陸軍は、海軍が相談なしに戦線を広げたために、補給の限界線を越えたと非難している。海軍側は、わが方の心臓部を守るためには、そこまで手を広げることが必要であったといっている。やはり、なるべくしてそうなったのであり、そこには由来があり、陸海軍の体質に起因するものがあるといえよう。その背後にあるのは歴史であって、歴史の中には、財政事情あり、国際環境あり、国民性あり、いろいろの要素がある。歴史の舵とりをまちがえなければ、餓島の戦闘は起こらなかったかもしれないし、起こっても、将兵が餓える結果にはならなかったかもしれない。

現在に生きるわれわれは、長い目で見た将来に、誤りの種を播かないようにしなければならない。そのためには、過去の歴史の中に、日本人の陥りがちな誤りの傾向を探ることが必要であり、また歴史の中から、望ましい種を拾って、今後に備えることも必要である。

陸海軍の制度は、明治建軍以来、変遷を重ねている。以上に述べてきたような見地からは、大東亜戦争当時だけの制度を眺めてみても、答えはでてこない。本書では、明治の初めにさかのぼって、主要な制度の変遷を追及しており、それもできるだけ、陸海軍相互の比較をし、ある場合には西欧の軍隊との比較をして、変遷の由来と特徴が、わかるように記述したつもりである。

なお、ここで大東亜戦争といったが、この用語に偏見をもっている人が多いので、躊躇しながら、この用語を使った。歴史的にみると、この呼称は大本営と政府が合意し決定した正式の戦争名称である。支那事変というのも、そうである。太平洋戦争というい方が比較的多用されているが、これは戦後の占領時代に占領軍である米軍が、欧州ではなく太平洋方面で戦った戦争という意味で使い始めた用語であり、中国大陸やビルマでの作戦も行なった日本の戦争という目でみると、適当な名称ではない。日本の軍事制度史や作戦史を述べる場合は、大東亜戦争と呼ぶのが適当であることが多いのである。

もっとも日本海軍は、当時から太平洋戦争と呼ぶことを、主張したというが、これは海軍の活動の場が太平洋であったからだ。日露戦争のときは、正式に定められた名称というものはなく軍内部では明治三十七、八年戦役のようないい方をしていたが、あとで、日露戦争というういい方が定着した。それからいくと、日米戦争、日中戦争といういい方が、適当なのかもしれない。最近は昭和戦争と表現する人も出てきている。本書では、日米戦争、日華事変、前大戦などの表現のほかに、場合によっては、大東亜戦争、支那事変という呼称を使用している。

本書の主要部分は、月刊「丸」に連載したものであり、これに加筆、修正をして、まとめてある。単行本『日本の軍隊ものしり物語』としての初版は平成元年で、「丸」の竹川真一氏や光人社の牛嶋義勝氏ほかの方々にお世話になった。初版から十八年近くがたって光人社の文庫におさめるにあたり、かつて多かった旧軍人の読者から、読者層がその孫の世代に移りつつあることを考えると感無量である。

平成十九年一月

熊谷　直

単行本　平成十年二月「日本の軍隊ものしり物語[1]」改題　光人社刊

NF文庫

帝国陸海軍の基礎知識
二〇一四年六月　十六　日　新装版印刷
二〇一四年六月二十二日　新装版発行
著　者　熊谷　直
発行者　高城直一
発行所　株式会社潮書房光人社
〒102-0073　東京都千代田区九段北一-九-十一
振替／〇〇一七〇-六-五四六九三
電話／〇三-三二六五-一八六四㈹
印刷所　慶昌堂印刷株式会社
製本所　東　京　美　術　紙　工

ISBN978-4-7698-2522-7　C0195
http://www.kojinsha.co.jp

NＦ文庫

刊行のことば

第二次世界大戦の戦火が熄《や》んで五〇年——その間、小社は夥しい数の戦争の記録を渉猟し、発掘し、常に公正なる立場を貫いて書誌とし、大方の絶讃を博して今日に及ぶが、その源は、散華された世代への熱き思い入れであり、同時に、その記録を誌して平和の礎とし、後世に伝えんとするにある。

小社の出版物は、戦記、伝記、文学、エッセイ、写真集、その他、すでに一、〇〇〇点を越え、加えて戦後五〇年になんなんとするを契機として、「光人社NF（ノンフィクション）文庫」を創刊して、読者諸賢の熱烈要望におこたえする次第である。人生のバイブルとして、心弱きときの活性の糧《かて》として、散華の世代からの感動の肉声に、あなたもぜひ、耳を傾けて下さい。

＊潮書房光人社が贈る勇気と感動を伝える人生のバイブル＊

ＮＦ文庫

中国大陸実戦記　中支派遣軍　一兵士の回想
斉木金作

広漠たる戦場裡に展開された苛酷なる日々。飢餓と悪疫、極寒と灼熱に耐え、生と死が紙一重の極限で激戦を重ねた兵士の記録。

なぜ都市が空襲されたのか　歴史の真実と教訓
永沢道雄

日本全土の家々は多くの人命と共になぜ、かくも無惨に焼かれたのか。自らB29の爆撃にさらされた著者が世界史的視野で綴る。

航空戦艦「伊勢」「日向」　付・航空巡洋艦
大内建二

航空母艦と戦艦を一体化させる航空戦艦、同様の考え方の航空巡洋艦とはいかなるものだったのか。その歴史と発達を詳解する。

軍閥　二・二六事件から敗戦まで
大谷敬二郎

激動する政治の主導権を争う統制派・皇道派。元憲兵司令官が各派抗争の歴史と政財官各界にわたる人脈の流れを明らかにする。

スターリングラード攻防戦　タンクバトルⅢ
齋木伸生

ヒトラーとスターリンの威信をかけた戦いやソ連・フィンランド戦争など、熾烈なる戦車戦の実態を描く。イラスト・写真多数。

写真 太平洋戦争　全10巻　〈全巻完結〉
「丸」編集部編

日米の戦闘を綴る激動の写真昭和史——雑誌「丸」が四十数年にわたって収集した極秘フィルムで構築した太平洋戦争の全記録。

＊潮書房光人社が贈る勇気と感動を伝える人生のバイブル＊

ＮＦ文庫

帽ふれ 小説 新任水雷士
渡邉 直
遠洋航海から帰り、初めて配属された護衛艦で水雷士となった若き海上自衛官の一年間を描く。艦船勤務の全てがわかる感動作。

航空母艦「赤城」「加賀」 大艦巨砲からの変身
大内建二
太平洋戦争緒戦、日本海軍主力空母として活躍した「赤城」「加賀」の誕生から大改造を経て終焉までを写真・図版多数で詳解する。

満州辺境紀行 戦跡を訪ね歩くおもしろ見聞録
岡田和裕
満州の中の日本を探してロシア、北朝鮮の国境をゆく！ 日本の遺産を探し求め、隣人と日本人を見つめ直す中国北辺ぶらり旅。

伝承 零戦空戦記3 特別攻撃隊から本土防空戦まで
秋本 実 編
敵爆撃機の空襲に立ち向かった搭乗員たち、出撃への秒読みに戦慄した特攻隊員の心情を綴る。付・「零戦の開発と戦い」略年表。

中島知久平伝 日本の飛行機王の生涯
豊田 穣
「隼」「疾風」「銀河」を量産する中島飛行機製作所を創立した、創意工夫に富んだ男の生涯とグローバルな構想を直木賞作家が描く。

指揮官の顔 戦闘団長へのはるかな道
木元寛明
大勢の部下をあずかる部隊長には、指揮官顔ともいえる一種独特の雰囲気がある。防大を卒業した陸上幹部自衛官の成長を描く。

潮書房光人社が贈る勇気と感動を伝える人生のバイブル

NF文庫

西方電撃戦　タンクバトルI
齋木伸生
激闘〝戦車戦〟の全てを解き明かす。創世記から第二次大戦まで、年代順に分かりやすく描く戦闘詳報。イラスト・写真多数収載。

伝承 零戦空戦記2　ソロモンから天王山の闘いまで
秋本 実編
搭乗員の墓場と呼ばれた戦場から絶対国防圏を巡る戦い、押し寄せる敵機動部隊との対決――パイロットたちが語る激戦の日々。

英雄なき島　硫黄島戦生き残り元海軍中尉の証言
久山 忍
戦場に立ったものでなければ分からない真実がある。空前絶後の激戦場を生きぬいた海軍中尉がありのままの硫黄島体験を語る。

第二次日露戦争　失われた国土を取りもどす戦い
中村秀樹
経済危機と民族紛争を抱えたロシアは〝北海道〟に侵攻した! 自衛隊は単独で勝てるのか? 『尖閣諸島沖海戦』につづく第二弾。

日本軍艦ハンドブック　連合艦隊大事典
雑誌「丸」編集部編
日本海軍主要艦艇四〇〇隻(七〇型)のプロフィール――艦歴・戦歴・要目が一目で分かる決定版。写真図版二〇〇点で紹介する。

海軍かじとり物語　操舵員の海戦記
小板橋孝策
砲弾唸る戦いの海、死線彷徨のシケの海。死んでも舵輪は離しません――一身一艦の命運を両手に握った操舵員のすべてを綴る。

＊潮書房光人社が贈る勇気と感動を伝える人生のバイブル＊

ＮＦ文庫

伝承 零戦空戦記１　初陣から母艦部隊の激闘まで
秋本　実編
無敵ＺＥＲＯで大空を翔けたパイロットたちの証言。日本の運命を託された零戦に賭けた搭乗員たちが綴る臨場感溢れる空戦記。

最後の飛行艇　海軍飛行艇栄光の記録
日辻常雄
死闘の大空に出撃すること三九二回。不死身の飛行隊長が綴る戦いの日々。海軍飛行艇隊激闘の記録を歴戦搭乗員が描く感動作。

陸軍人事　その無策が日本を亡国の淵に追いつめた
藤井非三四
近代日本最大の組織、陸軍の人事とはいかなるものか？　軍隊にもあった年功主義と学歴主義。その実態を明らかにする異色作。

人間爆弾「桜花」発進　桜花特攻空戦記
「丸」編集部編
〝ロケット特攻機・桜花〟に搭乗し、一機一艦を屠る熱き思いに殉じた最後の切り札・神雷部隊の死闘を描く。表題作他四篇収載。

無名戦士たちの戦場　兵士の沈黙
土井全二郎
狂気の戦場のただ中で営まれた名もなき兵隊たちの日常と生と死のドラマ。元朝日新聞記者がインタビューをかさねて再現する。

陸軍航空隊全史　その誕生から終焉まで
木俣滋郎
黎明期の青島航空戦にはじまり、ノモンハン、中国戦を経て、太平洋戦争の本土防空にいたるまで、日本陸軍航空の航跡を描く。

＊潮書房光人社が贈る勇気と感動を伝える人生のバイブル＊

ＮＦ文庫

銀翼、南へ北へ　軍航空の多彩な舞台
渡辺洋二
ソロモンから千島まで、空の戦いに示された日米の実力。異端武装の四式戦、兵器整備学生など、知られざる戦場の物語を描く。

飛龍 天に在り　航空母艦「飛龍」の生涯
碇　義朗
艦と人と技術と航空機が織りなす絶体絶命、逆境下の苦闘――国家存亡をかけて戦った空母の誕生から終焉までを描いた感動作。

海防艦三宅戦記　輸送船団を護衛せよ
浅田　博
船団護衛に任じ、幾多の死闘をくり広げた武勲艦の航跡。黙々と任務をやり遂げ、太平洋戦争を生き残った強運艦の戦いを描く。

革命家チャンドラ・ボース　祖国解放に燃えた英雄の生涯
稲垣　武
ベンガルの名家に生まれケンブリッジ大学で学び、栄達の道をなげうって独立運動に身を投じた心優しき闘魂の人の運命を描く。

特務艦艇入門　海軍を支えた雑役船の運用
大内建二
工作艦、給油艦、救難艇など、主力艦の陰に隠れながら極めて重要性の高かった特務艦艇の発達の歴史を写真と図版で詳解する。

「飛燕」戦闘機隊出撃せよ　陸軍戦闘機隊戦記
「丸」編集部編
喰うか喰われるか――飛燕二機ＶＳグラマン三六機のドッグファイト！　蒼空に青春をかけた男たちの死闘。表題作他四篇収載。